高校农业技术推广模式与应用

宋文坚　鲁兴萌　张国平　主编

ZHEJIANG UNIVERSITY PRESS
浙江大学出版社

图书在版编目（CIP）数据

高校农业技术推广模式与应用 / 宋文坚，鲁兴萌，张国平主编 . -- 杭州：浙江大学出版社，2019.4

ISBN 978-7-308-18856-2

Ⅰ . ①高… Ⅱ . ①宋… ②鲁… ③张… Ⅲ . ①高等学校－农业科技推广－案例－中国 Ⅳ . ① S3-33

中国版本图书馆 CIP 数据核字（2019）第 005259 号

高校农业技术推广模式与应用

宋文坚　鲁兴萌　张国平　主编

责任编辑　潘晶晶
责任校对　王安安
封面设计　黄晓意
排　　版　杭州兴邦电子印务有限公司
出版发行　浙江大学出版社
（杭州市天目山路 148 号邮政编码 310007）
（网址：http://www.zjupress.com）
印　　刷　浙江省邮电印刷股份有限公司
开　　本　710 mm×1000 mm　1/16
印　　张　12.75
字　　数　185 千字
版 印 次　2019 年 4 月第 1 版　2019 年 4 月第 1 次印刷
书　　号　ISBN 978-7-308-18856-2
定　　价　68.00 元

目 录
CONTENTS

|第二篇| 人物实践

第一篇

农业推广理论

第一章

农业推广的发展

从世界各国农业推广发展的历史来看，农业推广的组织机构、内容、目的、方式等均随着社会历史条件的不同而发生变化，不同历史时期农业推广的含义也不尽相同。随着社会经济不断发展，农业推广也由单纯的生产技术推广逐步向教育型和现代型发展，现代农业推广的社会功能日益彰显。世界各国根据自身发展条件的不同，也形成了各具特色的农业推广模式，为培育当地新型农民、发展农村产业、繁荣农村社会、增进社会福祉做出了重大贡献。

第一节 农业推广发展的历史与趋势

一、农业推广的发展简史

（一）推广的含义

当今世界，不同国家赋予“推广”的含义也不同。“推广”的荷兰语为 voorlichting（lighting the pathway，照亮道路），印度尼西亚语为 penyuluhan（lighting the pathway with a torch，用手电筒照亮道路），德语为 beratung（advisory work，咨询）、aufklarung （enlightenment，启迪、教化），奥地利语为 forderung（furthering and stimulating，促进、启发），法语为 vulgarisation（simplify the message for the common man，给人们简化信息使其容易理解），西班牙语为 capacitacion（improving people's skills through training，通过培训提高人们的技能）。

“推广”一词的实际使用起源于 1866 年的英格兰。当时，剑桥大学和牛津大学首先采用了“大学推广”系统。“推广教育”一词，是剑桥大学于 1873 年首先使用的，用来描述当时大学面向社会，到校外进行农业教育活动的教育创新，以体现“知识就是力量”。后来，“农业推广”一词在美国得到广泛使用。1914 年，美国国会通过农业合作推广的《史密斯－利弗法》，给“农业推广”赋予了新的意义，从而也形成了美国“赠地学院”教学、科学试验和农业推广三结合的大学推广体制，实现“把大学带给人民”和“用知识替代资源”的目标。

（二）农业推广的含义和作用

1. 狭义农业推广

狭义的农业推广主要是指农业推广人员用适当的方法，将高等院校和农业科研机构的农业科技成果及国内外引进的农业新品种、新技术、新方法等介绍给农民，使农民获得农业上的新知识、新技能，并促进其使用，从而提高产量、改进品质，增加农民收入的一种社会活动。狭义的农业推广也被称为农业技术推广，因其主要是推广农业科技成果，所以有时也被称“农业科技推广”，其特征是以技术指导为主要内容的产业培训。

2. 广义农业推广

广义的农业推广是指除农业技术推广以外，还包括教育农民、组织农民、培养农民业务领袖及改善农民实际生活质量等方面的一切农业、农村社会活动。

广义农业推广的工作范围包括有效的农业生产技术指导，产品储藏、加工、运输指导，市场供求信息、农产品市场预测，资源利用和环境保护指导，农户经营和管理指导，农户生活指导，农村领导人培养与任用指导，农村青年培养指导，公共关系指导，农村团体工作和文化指导等。

3. 农业推广的作用

农业推广可促进农业经济的迅速发展，也是农业研究、农业教育和农业生产联系的纽带，是农业发展机构和农民与农村之间的活动中介，起着桥梁作用。农业推广促进了农业科技的发展，也促进了知识形态和物质形态的农业技术的有效结合，促进了农民科学文化素质的提高。

（三）国内外农业推广历史

1. 我国农业推广工作的萌芽与发展

在我国古书记载中，在尧舜时代就有“后稷教民稼穑”的故事，这是我国古代原始农业推广的萌芽。至周朝，已有了官办的劝农组织和官员，据《周礼 · 地官司徒》记载，其有明确的分工：司稼（管谷物），遂人（管土地利用），草人（管粪肥、种），场人（管瓜果、园艺），山虞（管林木）等。宋时，各地由百姓推举当地农业知识丰富的人来担任“农师”，“农师”不拿国家俸禄，但可减免赋税和免除服役，而农民拿出一部分农产品来作为报酬。“农师”是我国最早的农业技术员。元时，元世祖下令，选择通晓农业的人担任劝农官，并在朝廷设大司农司，“不治他事，专以劝课农桑为务”，并编撰颁发了《农桑辑要》，所以元代已出现了从中央到地方和村社的农业推广体系。到明末清初还出现了著名的推广世家——陈振龙一家几代为引进甘薯并在全国推广做出了重要贡献。

回顾我国的农业推广历史，我们曾用“劝农”来表述“农业推广”，这也许就是我们中华民族对农业推广的最根本理解。宋希庠《中国历代劝农考》对我国古代劝农工作做过评价：“我以农立国者垂五千年，劝课农事，溯源极古，后世因袭，莫敢或轻。农业递嬗之迹，历久而靡有丧废者，不得不归功于劝农。”

我们现在使用的“农业推广”一词是对美国英语“agricultural extension”的直译，出现于20世纪20年代，当时许多大学的农科学习美国大学推广模式，成立农业推广部。1920年，金陵大学农林科成立棉作推广部，聘请美国农业部专家进行指导，开展中棉育种和美棉驯化工作，并开始推广棉花良种，还到各省宣传农业改良方法，以安徽为据点推广爱字棉。1921年，东南大学农科设立棉作改良推广委员会，从事棉作改良推广工作；1926年，成立推广部，开展江苏省内农业巡回讲演、农业展览等项目。1928年5月，广州中山大学提案在全国教育会议上通过，该提案中第三节为农业推广教育，首次从政府层面上明确要求借鉴国外经验，将农业推广与教育联系起来。同时，江苏省农矿厅设立了第一个作为省级机关的农业推广委员会。1929年12月，中央农业推广委员会成立。20世纪30年代前后，掀起了民间的乡村建设实验运动，设立了多种乡村建设实验区，这都是当时农村发展和推广的写照。据统计，到1946年全国已有14个省、586个县建立了推广机构，作为基层推广组织的乡镇农会有7681个。

1949年后，我国开始使用“农业技术推广”一词，政府制定了一系列农业技术推广的指导方针和组织体系建设的政策法规，促进了农业推广组织的发展，到50年代中后期，全国基本建立了比较完整的农业技术推广体系。随着农村生产关系的变革，我国以政府主导、自上而下、内容狭窄、目标单一的农业技术推广体系也在不断变化。1993年颁布的《中华人民共和国农业技术推广法》（2013年修订）明确规定，农业技术推广是指通过试验、示范、培训、指导以及咨询服务等，把农业技术普及应用于农业生产产前、产中、产后的全过程。此时的“农业技术推广”的概念已经扩大到了广义的“农业推广”，但因沿用习惯一直称“农业技术推广”或“现代农业技术推广”。1995年，农业部将全国农业技术推广总站、全国植物保护总站、全国土壤肥料总站、全国种子总站合并，建立了全国农业技术推广服务中心，使其成为全国种植业技术推广的龙头。2000年底统计，我国有种植业技术推广机构5.1万个，农技推广人员38.4万余人。国家设有全国农业技术推广服务中心，省级为省农技推广中心或分设的农技推广、植保、土肥、种子等总站，地（市）级设农技推广中心或分立的农技推广、植保、土肥、种子等站。县级主要设农技推广中心。乡镇一级设农技站。全国约20%的村设有农技服务组织，共有193万农民技术员，660多万个科技示范户。农民专业技术协会15万多个，囊括500多万农户，约占全国农户总数的2%。这一农业技术推广体系在对巩固我国农业的基础地位、推动我国农业发展做出了重要贡献。

2. 国外农业推广工作的兴起与发展

1847—1851年，爱尔兰马铃薯严重歉收导致饥荒。经克拉伦登（Clarendon）伯爵提议，爱尔兰建立了一个小型的农业咨询指导机构，设置农业指导员进行巡回指导，这便是欧洲农业推广工作的开端。到20世纪初，欧洲的大多数国家、北美洲以及许多热带地区都已建立起咨询和推广服务机构，其主要工作内容是向农民介绍较好的耕作制度和传授生产技能。不同国家根据其不同发展条件、推广对象、内容、组织机构及运行机制等，形成了各具特色的农业推广模式。

二、农业推广学的发展

（一）起源与形成

农业推广学是一门逐步建立起来的新兴学科。美国是最先进行农业推广学研究的，具有代表性的研究成果有布瑞特撰写的《县指导员与农民协会》等。1949年，美国第一本作为大学教科书的《合作农业推广工作》正式出版。从20世纪40年代末至60年代初，对农业推广理论的研究不断深化，《创新的扩散》《四健会工作》《乡村社会制度与成人教育》《成年农民教育的成功方法》《推广教学方法》等书籍陆续出版。当时的推广学逐步结合了行政管理、乡村社会学、社会心理学、传播学、行为科学等。20世纪70年代以后，西方在对农民采用行为分析以及推广活动的技术经济评价方面取得突破，农业推广的定量研究和实证研究不断加强和深化，并引入系统论、信息论和控制论等思想，研究活动和成果也从以美国为主逐步转向欧美并重。如荷兰的凡登邦和澳大利亚的H.霍金斯合著的《农业推广学》，比较全面系统地论述了农业推广教育、推广的理论基础、推广方法、行为研究、推广组织的管理、农业推广的作用等，对农业推广的研究做出了巨大贡献。

（二）我国农业推广学的发展

在我国，20世纪30年代农业推广学已开始被列为大学课程。1935年，章之汶、李醒愚编著的《农业推广》是我国第一本较完整的农业推广教材。1939年，农业推广协会成立；同年，《农业推广通讯》出版。50年代后，我国虽很重视发展农业技术推广，但对农业推广学的研究较少。80年代后，农业推广研究逐步被重视，研究从教育学、经济学和行为学的角度开始进行。1985年《农技推广》创刊（现为《中国农技推广》），1987—1989年连续3年编印《农业推广研究文集》，使农业推广的理论得到深入研究。1988年，北京农业大学（1995年与北京农业工程大学合并成立中国农业大学）最早开设了农业推广学专科。随后，国内一些农业推广专家、学者先后编写出版了多部农业推广方面的著作，如 1989 年许无惧主编的《农业推广学》、马占元等编著的《农业推广技能》、1996 年张仲威主编的《农业推广学》等都对农业推广的理论、原则、方法、技能、组织等做了系统阐述。特别是 2001 年汤锦如主编的《农业推广学》对农业推广理论进行了高度概括和总结，即“技术传输”、“双向沟通”、“创新扩散”、“目标团体”、“农业知识与信息系统”、“混合体”、“农业推广框架”等七大理论，从中可以窥视出农业推广理论从简单到复杂、从低级到高级、从单一推广到综合运用的发展过程。这些著作对我国农业推广理论的发展都做出了巨大贡献，对我国农业推广教育和工作实践都有很强的指导作用。

（三）农业推广学研究的对象

农业推广学主要研究如何以先进的新的科学技术与技能、新的知识与信息为内容，以试验、示范、培训、干预、沟通为手段，采用传授、传播、传递等方式，使农民自愿改变其行为的规律性，包括农民个人行为、群体行为；研究改变农民行为诸因素变化的规律性，即研究外界社会的、政治的、经济的、自然的环境因素的变化规律如何影响农民行为的变化；研究有效诱导农民行为变化的方法论。

第二节 当代世界农业推广的主要模式

一、农业推广体系概况

农业推广体系是农业推广机构设置、服务方式和人员管理制度的总称，是农业推广工作的基础和组织的保证。

由国家建立的农业推广体系和推广工作的正规化始于20世纪初，其发展壮大则是在二战以后。根据联合国粮农组织对全球113个国家中200个国家级农业推广机构的调查：1910年以前，全世界仅有14个国家级推广机构，只是现有国家级推广机构数的7%，且主要是在英、美等发达国家；第二次世界大战以前，全世界建立的国家级推广机构约有48个，占现有数的20%左右，新增的主要是在一些中等发达程度的国家；二次世界大战以后，一方面鉴于已建的推广组织发挥了巨大的作用，另一方面由于一些发达国家的援助，加上一些发展中国家试图通过农业推广来解决粮食的短缺问题，世界各地便纷纷开始建立推广组织。全球约150个国家级推广组织（约80%）都建立于二次世界大战以后。

根据联合国粮农组织的调查，目前全世界约有农业技术推广人员54.2万（中国仅含种植业部分）。随着全球经济和科技的快速发展，农业推广体系显现出多元化格局，大致可分为以下六大类：

（1）以政府为主体的农业推广体系。这类推广体系的特征是，推广体系隶属政府农业部门的直接领导，农业部下属的推广局和推广站（中心）负责组织、管理和实施全国的农业推广工作。

（2）以大学为主体的农业推广体系。这类推广体系的典型代表是美国，其特点是农业教育、科研、推广三位一体，大学建立农业技术推广站（中心），大学的推广部门负责组织、管理和实施基层推广工作。

（3）附属性的农业推广体系。这类推广体系是指一些商品的生产组织或开发机构所附属的推广体系。如马来西亚的橡胶和咖啡生产组织等建有自己独立的推广体系。

（4）非政府性质的推广体系。这类推广体系是指一些协会和一些宗教组织经常从事社会经济和家政等方面的推广工作。

（5）私人农业推广体系。这类推广体系是指一些私人企业为推销产品所建的产品推销部门。主要是一些农药、种子生产企业为推销产品而成立的推销部。

（6）其他形式。这类推广体系是指一些在欧洲国家的青年组织和妇女组织。他们以农村青年和妇女为推广对象，推广一些实用的农业技术、健康保健等知识。

各国政府均根据自身的实际情况建立了相应的农业推广体系，形成以一种推广体系为主、兼有其他推广体制的多元化农业推广体系。在这些体系中，以政府为主体的农业推广体系占全球推广体系总数的81%，以大学为主体的农业推广体系占1%；附属性的农业推广体系占4%；非政府的推广体系约占7%；私人农业推广体系占5%；其他类型的推广体系占2%。可见，以国家政府领导为主的农业推广体系是当今农业推广体系发展的主流。

二、典型农业推广模式

各国在农业推广体系的形成、建设和发展过程中，结合各国自身的实际发展情况，形成了不同的农业推广模式，比较典型的有美国、日本、法国、以色列、荷兰、澳大利亚等模式。

（一）美国模式

美国的农业推广体系建立时间比较早，始于19世纪60年代，经历了建立赠地大学、设立大学实验基地、建设和完善县推广站等3个重要的发展阶段，建立在《莫里尔法》、《哈奇法》、《史密斯－利弗法》等3个重要的农业立法基础上，形成以大学为主体，科研、推广和教育为一体的农业推广体系。其中美国农业科研系统由国立、州立、私立三层次结构构成，研究并提供解决广泛的技术性农业问题和国家急需项目所需要的新知识、新技术，保证优质食物和农产品的充足生产，促进粮食和农业经济持续发展，帮助解决一些长期的、全国性重大战略问题。在美国，农业科研、教育与推广“三位一体”的以大学为中心的农业推广体系，促进了教育、科研、推广的相互促进、互相协调，保证了各州的农业教育、科研和推广活动自成一体，提高了农业推广体系的效率和农业科技成果的转化率。

美国的农业推广体系的另一个优势在于科研经费的充足。美国农业部系统科研经费以国家拨款为主。同时美国的农业企业对农业科研的投资力度也非常大，主要集中在农产品、产后和食品加工、兽医技术、机械和植物育种技术。此外，联邦政府承担50%，州政府与县政府各承担25%的农业推广服务经费，经费充足。

（二）日本模式

日本实行的是政府与农业协会双轨运行的农业推广模式。日本农业推广有两个并行的系统，一个系统是政府所属的各级农业推广组织，另一个系统是农业协同组合组织，两个体系由国家和县共同出资建立，各自独立又彼此联系。在双轨制的农业推广体系中，政府负责的农业推广体系是主导力量，它由中央级的农林水产省、都道府县级农林水部和县以下的地区推广改良中心等机构组成。国家农林水产省依据各级政府的意见，制订国家农业推广方针，各级政府依据方针制订具体的推广计划，地区推广改良中心负责计划的组织实施。

另外，农业协会是日本农业推广体系的重要辅助力量。作为农民自己的组织，农业协会坚持“从摇篮到坟墓，农协覆盖全部”的指导思想，围绕“为农民提供生产和生活服务”的目标，在生产资料、技术指导、产品销售、信用合作、社会服务和权益保障等方面提供服务。此外，农业协会还配备了营农指导员，与政府机构的推广中心配合，向农民提供信息和技术指导。

在日本的农业推广体系中，农业推广与教育、科研部门紧密联系，农业推广内容较广泛、推广方法较灵活，有完善的任命培训制度，农业协会对农户的约束力较强。

（三）法国模式

法国是欧洲第一、世界第二（仅次于美国）的农业和食品进出口大国。法国的农业成就，是与法国政府加强和完善农业研究与推广体系分不开的。法国的农业推广体系共分 4 个层次：①法国成果推广署；②农业发展署；③农业研究单位和专业农业科技中心；④专业农业科技协会。

在法国科技部、工业部的资助和支持下，法国成果推广署在科研院所、大学和企业之间架起了一座桥梁。其主要工作方式：对农业科技成果转让项目提供无息贷款（50%），待项目成功时偿还；为企业雇用高级专家，并负担农业科技转让期间专家的工资福利和社会福利费用；免费培训青年企业家，尤其鼓励年轻科技人员创办企业，对企业的研究和开发活动给予资助等。

农业发展署是由农业行会和政府代表共同管理的企业性协会，主要任务是科普宣传，培训农业工作者和科普工程师，促进企业农业行会和研究单位的合作，对地方农业发展提出建议等。农业研究单位和专业农业科技中心主要从事农业科技开发活动，而且在农业部的资助下，这些研究单位都有自己的农业科技推广和服务队伍，使研制出来的农业科技成果得到应用。专业农业科技协会的任务主要是维护农业工作者的利益，进行农业科技推广和农业科技服务工作。

（四）以色列模式

以色列农业推广体系的组织机构主要由国立大学、研究机构、农业企业和一个专门的科技推广服务中心组成。在以色列的农业推广体系中，政府充当主要角色，这主要是由以色列农业发展特点决定的。以色列农业发展环境极其恶劣，国土狭小，可耕地仅占国土面积的 20%，淡水缺乏，发展农业缺乏比较优势。因此，必须依靠科技创新，加大农业发展的科技含量。为此，政府建立一套相对完善的农业推广系统，依靠政府力量加强农业科技推广，以保证农业科技成果迅速运用到农业生产、加工过程中。随着以色列农业举世瞩目成就的取得，以色列政府也在考虑更多地发挥市场作用，适当改革政府推广机构为主体的格局。另外，推广工作人员多是综合性人才，他们不仅从事新技术的研究，推广先进的研究成果，还积极向农户介绍一些生产经验及先进的种植思想。以色列主要农产品生产都成立了自己的专业合作组织。专业协会的预算来自生产者交纳的会费，会费按销售的农产品数量计算。以色列的教育投资在其国民生产总值中的比重一直保持在 9%～12%，高于其他发达国家。

（五）荷兰模式

荷兰国土面积虽小，但农产品出口量仅次于美国和法国，为世界第三大农产品出口国。荷兰农业的发展得益于其公私合作的农业推广模式。荷兰实行政府与地方或农民合办农业推广模式，主要由 4 个部分组成：①政府主导的公益性农业推广系统；②农会的社会和经济推广系统；③农民合作社的农业推广系统；④私营企业的农业推广系统。

荷兰政府主导的公益性农业推广系统：在中央一级，国家农渔部的畜牧局设有养殖业推广处，园艺、大田作物局设有种植业推广处。省一级按自然区划设有 12 个种植业和 17 个养殖业的地区（区域）推广站。地区推广站为荷兰的基层推广站，担负着直接为农民提供无偿服务的职能。

荷兰农业和园艺组织联合会（简称“农会”）是荷兰国家级农民联合会，

代表和促进农户的经济和社会利益，促进各地市场导向生产链的结合等。

农民合作社的农业推广系统是指由各类农民合作社开展的农业推广，荷兰许多农民合作社，在农业推广方面发挥着重要作用，如“荷兰皇家养牛协会”、“吕伐登（Leeuwarden）奶制品合作社”等。

荷兰全国各类私人企业（农业商业公司、农业银行等）有推广员2500多人，负责推销种子、农药等产品和信贷咨询工作，这类推广活动属有偿服务或把服务费包括在销售产品的成本中。

（六）澳大利亚模式

为提高科研和推广的有效性和针对性，澳大利亚形成了由政府、大学、协会、企业共同组成的农业推广体系。澳大利亚政府的农业推广模式属于垂直管理的农业推广模式。澳大利亚农业部设总的推广机构负责农业推广，各州农业部推广机构内设“推广领导办公室”，在9个行政专区设9个分支机构。每一个分支推广机构又在一个相当于我国县的区域内分成4个次级推广机构。农业推广实行垂直管理和主任负责制，不受地方政府部门的干预，独立性较强。另外，澳大利亚农业科研服务体系较为完备。澳大利亚主要的农业科研机构：澳大利亚科工组织，政府部门（如资源环境部）及其研究机构，大学的农业研究所（中心），州农业部及其研究机构，企业（如谷物协会、园艺协会等）的研究机构，以及联邦政府外交部国际农业研究中心等科研、开发和国际合作协调组织。一方面，澳大利亚农业推广体系加强了企业对科研的投入和干预，增强了农业技术的研发效率；另一方面，科研单位为企业培养了技术后备人才，有利于强化科研成果的转化。此外，澳大利亚还建立了一项旨在提高农民素质和决策能力的农业推广计划，主要通过举行综合系列培训，提高农民的经营和决策能力。

（七）印度模式

印度非常重视农业科研、教育和推广三者的结合，在发展中逐渐形成了以政府为主导，中央与地方合理分工，科研、教育、推广紧密结合，公共部门与私人部门共同参与的多元化推广体系。

在技术推广服务中，印度建立并运用了农业专家系统（Expert System，ES）的智能化信息技术，为农民在作物生产管理、灌溉、施肥、品种选择以及病虫害控制等方面的决策提供支持，取得了较好的效果。

农业培训与访问模式首先在土耳其发展并于20世纪70年代引入印度，在世界银行的支持下在亚、非、欧及南、中美洲等的40多个发展中国家得到应用，该模式旨在建立一个专业的推广机构帮助农民实现增产增收，并为农业的发展提供适当的支持服务，这需要研究人员、农民和专业推广人员建立动态的联系机制。其主要特点：推广人员和机构专业化，并有某一部门（一般是农业部）对推广工作完全负责任，采用自上而下的方式；推广人员专门负责农业推广工作，而不参与和推广无直接关系的任何活动，并定期接受培训和访问培训农民，推广人员的培训主要是讨论下周即将推广给农民的生产措施，同时提升其专业水平。通常每名推广人员每周接受一天的培训，每两周按日程表对所负责联系的农户进行轮流访问和指导。推广与科研结合紧密，推广人员将农民面临而且不能解决的问题及时反映给科研人员，同时，在季节性讨论会、每月召开的讨论会中，研究人员和推广人员一起制订出适合当地具体条件的生产措施。在这种模式中，推广人员集中精力进行新农作物信息的引进和传递，限制推广人员卖种子和肥料等。但是，由于需要雇佣更多的村级推广人员，政府的费用增加，该模式的费用比传统的政府公共推广高出25%的投入。

（八）菲律宾模式

在20世纪80年代亚洲绿色革命的过程中，为了应对化肥农药的过度使用而提出了一种自下而上的农业推广模式——农民田间学校模式，这是以社区为基础的一种学习体制。在联合国粮农组织的资助下，主要在菲律宾和印度尼西亚开展，随后逐步扩展到亚洲、非洲、拉丁美洲和南美洲的相关国家。农民田间学校模式是一种典型的基于小组试验学习的模式，通过每周一次在固定的一家农户田间聚会，分析、讨论他们的农事措施，然后决定应该采用哪种措施，并开展效果评价。主题一般围绕一个作物的生长季，20～30个农户参加小组学习，每周一次，大约持续14周。在东非，农民自发组织和资助成立了农民田间学校协作网、协会和联盟，农民田间学校在过去20多年促进了有害生物综合防治技术的传播。与传统模式中的收音机、报纸等方法相比，该模式投入比较高，是否能产生高的回报一直受到关注。覆盖的农户数量有限，参加的学员的扩散效果到底如何仍然存在争议。该模式主要是在联合国粮农组织的资助下开展的，并得到了其他国家项目的支持，部分国家与全国有害生物治理项目结合实施，部分国家在国际的资金支持结束以后，并没有形成持续发展的机制。

（九）新西兰模式

新西兰农业推广除了政府机构外，农场俱乐部模式发挥了重要的补充作用，农业推广主要在俱乐部的活动中开展。农场俱乐部每月举行一次活动，每次聚会选择一名会员作为访问对象，俱乐部的聚会活动由聘请的专家组织，俱乐部成员首先参观确定的农场，参观过程中可以就某些问题向农场主提问。参观后，俱乐部成员集中就农场管理中的成功之处进行总结交流。在此基础上，由专家总结农场管理中的优缺点，并在这个过程中发现优秀的学员。俱乐部同各种协会和研究单位联系，邀请相关单位的技术、营销、市场预测等方面的专家，开展针对俱乐部成员需求的各种讨论活动。

（十）德国模式

德国的农业推广体系的特色是农业综合咨询服务，这是农业推广发展到一定阶段的产物。农业综合咨询服务主要是在自愿、平等、合作的基础上，通过沟通手段，实现帮助农民使其能够解决或者缓解面临问题的目标。德国的农业推广咨询分为官方咨询（州农业部或州农业管理委员会组织管理）和私人经济咨询，目前主要的农业推广咨询体系是官办的，官办的农业推广咨询面向全体农民提供无偿服务，农业推广咨询的内容非常广泛，包括与农村居民生产和生活有关的各种技术和信息的咨询，主要包括农业生产

（如提高经济效益、生产优质产品和保护生态环境等），市场营销管理（如为农户争取有利的市场购销机会），以及企业管理和社会经济等方面。

民间组织中的环咨询服务和农民合作社服务是官办农业推广咨询服务的重要补充，环咨询也是很多地方官办咨询服务的改革方向。环咨询是一种民间组织，由农民自愿组成，由理事会雇佣一个咨询员作为环咨询的业务经理，咨询员同时还可以在州政府农业部门任职，环咨询的费用由环成员（农业企业或农场主）承担，环咨询和官办咨询机构紧密合作，官办咨询专家为环咨询提供各种便利，而环咨询又能将各个企业的咨询问题等信息反馈给各种官办咨询机构。环咨询的工作范围重点是在企业管理和生产技术咨询方面，同时负责环境保护咨询或企业的生存保障和转型等。无论哪种咨询服务方式，都强调农村综合发展以及咨询两个方面，以满足农民及农家的多方面需求。

总之，世界各国结合自身发展实际，在一定历史条件下建立了各自的推广体系，各种推广体系模式各有千秋，均为当时的农业发展起到了一定的推动作用，但是没有那个推广体系是完美无缺的，随着历史的推移，农业推广模式也在不断发展与完善。

第三节　现代农业推广的含义与功能

一、现代农业推广的含义及其特征

（一）现代农业推广的含义

随着现代农业的发展和农民生活水平的提高，现代农业推广已不仅仅局限于单项的农业技术推广，而是一项旨在开发农村人力资源的农村教育与咨询服务工作。农业推广人员通过沟通及其他相关方式组织与教育农村居民，使其增进知识、提高技能、改变观念与态度，从而自愿改变行为，采用和传播农业创新，并获得自我组织与决策能力来解决其面临的问题，最终实现培育新型农民、发展农村产业、繁荣农村社会、增进社会福祉的目标。

（二）现代农业推广的主要特征

与传统农业推广相比，现代农业推广工作的内容、目标、策略、方法均发生了改变，现代农业推广的特征主要体现在：①现代农业推广工作的内容已由狭义的农业技术推广拓展到农村生产与生活的综合咨询服务，拓展到农村社会与人的发展；②推广的目标也由单纯的增产增收发展到教育组织农民，促进农村、农业、农民生产的发展与生活的改善；③推广的指导理论更强调以沟通为基础的行为改变和问题解决原理；④推广的策略方式更重视由下而上的项目参与方式，更关注帮助农民解决问题；⑤推广方法重视以沟通为基础的现代信息传播与教育咨询方法；⑥推广组织形式多元化；⑦推广管理科学化、法制化；⑧推广研究方法更加重视定量方法和实证方法。

二、农业推广工作的基本模式

农业推广从其工作内容讲，包括传播农业科学技术，推广先进适用的农业生产技术、农业生产管理技术和农业科技成果，属自然科学范畴。但从其工作过程来讲，它又是一种沟通过程、教育过程和组织过程，是运用示范、培训、教育、传播等手段和方法，通过与农民沟通，改变农民行为的过程。

技术是研究的产物，推广是扩散－接受系统，农民是用户。因此，研究成果如果被扩散－接受系统所应用，就会形成生产力，同时也会发现许多实际应用上的问题，把农民遇到的问题，带回实验室试验研究，有力地促进、充实和改善研究，然后再将其结果带回到农村运用，这种相互联系的方式，需要各种信息源之间的双向交流，这就是农业推广的基本工作模式。

三、农业推广的主要社会功能

农业推广工作以人为对象，通过改变个人能力、行为与条件，来改进社会事物与环境。因此农业推广的社会功能有直接功能与间接功能两个方面。

农业推广的直接功能：①增进农村居民的基本知识与信息；②提高农村劳动力的生产技术水平；③提高农村居民的生活技能；④改变农民的价值观念、态度和行为；⑤增强农民的自我组织与决策能力。

农业推广的间接功能：①促进农业科技成果转化；②提高农业生产与经营效率；③改善农村社区生活环境及生活质量；④优化农业生态条件；⑤促进农村组织发展；⑥执行国家的农业计划、方针与政策；⑦增进全民福祉。

第二章

中国农业技术推广模式

十一届三中全会前，我国农业技术推广机构一直由国家设立和管理，是一种单一的推广体系。十一届三中全会后，随着农村联产承包责任制的推行和农村经营体制改革的不断深化，多元化的农业技术推广组织应运而生。四川省是创办农村专业技术协会最早、发展最快的地区之一，据原中共中央农村政策研究室的郭平壮在《完善农村科技推广和接收机制的一种形式——关于四川省农村专业技术协会的调查》中指出，1980 年即在郫县成立了养蜂协会，到 1986 年底，四川省协会已达 10400 个，居全国之首，约占全国的七分之一。同时全国各地农技协会组织迅速发展。各级农业科研院所、高等院校也开始以技术顾问或联合开发等形式积极参与农业科技项目和农业推广工作。1987 年湖南省农业技术推广总站文建虎在《关于建设具有中国特色的农技推广网络的探讨》中首先提出，在农技推广网络建设上，坚持国家、集体、个人一起上，调动社会各方面的力量办农技推广事业。这种网络建设的多元性，突破了单一的公有制性质的体制，符合我国当前还处在社会主义初级阶段的实际情况。在当时虽然没有也不可能提出具体的农业技术推广体系多元化框架，但这无疑对我国农业技术推广体系建设提出了新的观点。2001 年由时任科学技术部（简称为科技部）副部长邓楠、农业部副部长万宝瑞主编的《21 世纪中国农业科技发展战略》提出，促进农业推广体系向多元化发展。农民科技协会及其他推广组织是农业技术推广体系中一支不可低估的力量，代表着农村科技推广的发展方向和趋势，同时也不需要国家投入，但政府要出台相应的法规和优惠政策，激励和协调这支队伍，使这些组织在市场竞争中充分发展，不断提高素质、规范行为。

近十多年来，不少专家、学者和基层农业技术推广工作者从国家农业技术推广体系改革、农科教一体化、农村专业技术协会及其他组织等不同角度和层面对农业技术推广体系的多元化进行了研究，对农业技术推广体系发展都具一定的指导意义。例如：在可持续发展的前提下注重观念创新，寻找科技转移有效载体的多元化，落实关键技术；农业科技成果推广的有效途径和模式主要有“项目负责制”、“技术承包制”、“综合技术服务”、“建立专业技术研究会（协会）”、“成立农业科技顾问组或咨询服务站”等；要面向市场、注重管理，完备机制，注重服务信息反馈，组织实施农业科技转移工程等；还有改善制度环境，建立技术教育、研究、推广体系，加强农业科技转移服务体系建设；要树立“以农民为本”的观点，建立起以国家推广机构为主体，农业科研机构、农业院校、涉农企业和社会团体参加的多元化农业技术推广体系，推进农业科技信息化建设，加快科技扩散的速度。2005 年在全国农业技术推广工作会议上，时任农业部副部长范小建指出，通过改革创新，逐步构建一个以国家农业技术推广机构为主导，农村合作经济组织为基础，农业科研、教育等单位和涉农企业广泛参加的多元化农业技术推广体系。

构建多元化的农业技术推广体系是一个系统工程，涉及多个领域的机构改革和体制创新。为此，国务院于 2006 年 8 月下发了《关于深化改革加强基层农业技术推广体系建设的意见》，农业部于 2006 年 11 月下发了《关于贯彻落实〈国务院关于深化改革加强基层农业技术推广体系建设的意见〉的意见》，相继提出了逐步构建“多元化基层农业技术推广体系”、“培育多元化服务组织”的要求。针对当前众多的农业技术推广主体的特性和作用，在加强现有农业技术推广机构建设的基础上，把农业科研、教育单位同时明确为农业技术推广主体；要坚持涉农企业、农业产业化组织、农村合作经济组织、中介组织等广泛参与的原则；实行政府统筹、多方协作、优势互补、平等竞争；要以项目为载体，依托科技特派员制度、鼓励支持农业科教人员在完成本职工作的前提下到农村和农业企业兼职等，实现推广形式的多元化。

第一节　政府主导的农业技术推广模式

以政府为主导，由国家、省、地（市）、县、乡（镇）五级农业技术推广站组成的公益性农业技术推广服务体系，是我国农业技术推广的主体，也是农业科技成果转化的重要渠道。该模式是以政府为主体或由政府一手包办的普及推广发动模式，主要通过统一立项选定重点推广技术成果，组织实用技术培训，设立示范样板（基地）吸引农民参观学习，建立科技服务实体，结合技术服务推广新产品、新农药等农业生产资料。运行过程中该模式上下联动、发动力度大、普及面广、推广速度快、效果明显，为我国农业技术推广和成果转化发挥了巨大作用。近年来，在建立完善乡镇“三位一体”农业公共服务中心的基础上，以科技项目与人才培养为抓手，创建了科技示范园模式、科技特派员模式、科技入户模式等，并取得了明显成效。

一、科技示范园区模式

科技示范园区模式是20世纪90年代涌现出来的以市场为导向、以科技为支撑的现代农业发展的新型模式。按照“政府指导、企业运作、中介参与、农民收益”的原则，通过“公司＋基地＋农户＋科技”等运行模式，在农业科研力量较强、技术人才密集、经济较发达的大中城市郊区和沿海开放城市划出一定区域，对农业高新技术成果集中投入、集中开发，从而加速农业高新技术成果的转化和推广速度，实现与市场的有效对接。政府是科技示范园区建设的组织者和监管人，企业是科技示范园区建设的主体和经营者，农户则是科技示范园区建设的参与者和生产者。

该模式在发展初期，对农业推广工作发挥了积极示范带头作用。通过国家级、省级、市县级农业科技园区的建设，引进新项目、推广新技术、举办技术培训班，有效地带动园区周边农民就业及收入的提升。但随着时间的推移，其存在的问题也日益体现，主要表现：①产品特色和竞争力不强，达不到预期效益；②重展示、轻实效，对周边地区的带动和辐射能力弱；③运行机制缺乏创新，生产者和经营者积极性不高；④软件建设滞后，项目开发、市场开拓和信息网络建设投入较少，产品销售和市场供求很难与国内外市场接轨。

二、科技特派员模式

科技特派员制度是1999年福建省南平市党委和政府为探索解决新时期“三农”问题，在科技干部交流制度上的一项创新与实践。科技特派员模式就是通过选派有一定科技专业理论、技术、工作经验、指导方法、管理能力、年富力强的专家、教授、研究员、博士等中青年知识分子，深入农村第一线，长年累月地和农民在一起，工作在农村、服务农业，把自己的一切贡献给“三农”。科技特派员模式主要有两种类型：①科技特派员与农业企业、专业大户直接见面，实行双向选择、契约式服务；②科技特派员带资金、带信息、带项目、带技术与专业大户建立利益共同体，利益共享，风险共担。

科技特派员制度是一项源于基层探索、群众需要、实践创新的制度安排，主要目的是引导各类科技创新创业人才和单位整合科技、信息、资金、管理等现代生产要素，深入农村基层一线开展科技创业和服务，与农民建立“风险共担、利益共享”的共同体，推动农村创新创业深入开展。近年来该模式运行良好，已在全国31个省（区、市）的1000多个县（市、区、旗）开展，科技特派员数量持续增长，直接服务近千万农民，初步形成了深入发展的良好格局，成为全国范围的新型农村科技服务模式。2016年3月1日，科技部副部长徐南平在科技部举办的新闻发布会上介绍，我国科技特派员已达72.9万人，是2010年的5倍，与农民形成利益共同体5.14万个，创业企业1.59万家，建立科技特派员服务站1.6万个，直接服务农户1250万户，受益农民6000万人。

三、科技入户模式

2004年10月农业部下发了《关于推进农业科技入户工作的意见》，标志着以提升农户科技示范能力建设为重点的“科技入户工程”拉开了序幕，2005年正式启动。通过“科技人员直接到户、良种良法直接到田、技术要领直接到人”的新模式，培养了一批观念新、技术强、留得住的科技示范户，并以户带户，加速了农业科技传播，促进了产业发展；通过项目带动和政策激励，激活了基层农业技术推广体系，起到了“接线、补网、聚能人”的作用，构建了“专家组—技术指导员—科技示范户—辐射带动农户”的科技成果转化应用快捷通道，促进了农业增产增收。该模式存在的主要问题：①经费投入缺乏长效保障；②技术指导员的推广能力不足；③推广内容与农民需求还有一定距离；④示范户的科技素质和辐射带动能力有待提高和加强。

四、科技下乡模式

该模式是由各地农业部门在每年春耕前，本着“进村入户、务实高效”的原则，在当地开展多种形式的送科技下乡活动，把先进适用技术和党的温暖送到千家万户。科技下乡活动是加快城市科技资源和人才资源向农村流动，加大力度向农村输送急需人才、技术和管理等要素的有效载体，成为连接城乡、服务“三农”的桥梁和纽带。

第二节　高校依托的农业技术推广模式

一、高校参与农业技术推广的意义

高校作为人才培养的主阵地、科研创新成果的发源地，积极参与我国农业推广体系的构建，具有十分重要的意义。

（一）有利于完善科技推广体系

2012 年中央 1 号文件明确提出，引导农业学校、科研院所成为公益性农技推广的重要力量，强化其服务“三农”职责，完善激励机制，鼓励科研教学人员深入基层从事农技推广服务。

（二）有利于实现农、科、教大联合

目前我国农业科技推广工作由农业行政部门推广机构全权负责，以一元制推广模式运行实施。农业相关院校、科研院所和推广部门之间缺乏横向联合，农、科、教三者各自为政，相互分离，严重制约了农业科研成果推广应用的步伐。为了有效地实现技术转移和成果转化，可以以农业相关院校为依托，构建教育、科研、推广“三位一体”的农业科技推广体系，充分利用农业相关院校在人力、科技、社会影响力等方面的优势，有效地实现农业科技成果转化。

（三）有利于加速农业科技成果转化

农业院校是科技成果的研发创造者，也是当前农业技术推广战线上的生力军。为了将自己的科研成果尽快转化为生产力，更好地服务于农民，高校有组织地带领专家、学者主动深入到农业生产第一线，开展科技推广工作。通过无偿性的公益推广方式，将相关农业科技成果当面演示，破解农技推广“最后一公里”难题。

二、高校在农业技术推广中的优势

高校是成果、人才、信息的源泉，高校的发展应与社会、经济的发展相融合。高校既是人才培养的中心，又是我国科研事业的一支重要力量，同时还是信息传播源，具有社会服务功能。农业技术推广是高等院校发挥社会服务职能的根本途径和载体。

（一）教育培养优势

高校可为我国农业发展培养大批科技人才，每年毕业的农业专业学生将不断充实到各个农业部门，为我国农业研究和推广发展发挥巨大的作用。同时，农业院校可以利用其教育优势为农业研究和推广培养大批科技人才。利用学校的科技力量和设备为农村培养农业技术人才、农民骨干，在农业推广中发挥着重要作用。

（二）科研优势

高校教师在从事教学工作的同时，又长期从事科研工作。科研在高校教师的工作中具有很重要的作用，不仅能促进教学工作，也为我国科研事业做出巨大贡献，是我国科研事业的重要力量。随着经济、科技的发展，高校功能日渐延伸和拓展，在发挥教学、科研中心作用的同时，其社会服务功能得到进一步发挥。高校具有人才、成果和研究开发能力，可提供一定的新技术、新成果、新知识。高校可以利用农业专家的咨询指导服务、教学基地的示范作用，以及积极推动科研成果商品化和产业化等不同的形式，来积极促进“产学研”三结合良性循环，为农业技术推广工作发挥其应有的为社会服务的功能。

（三）农科教结合，促进农业科技成果转化

走农科教相结合之路，不仅是农业科学技术转化为现实生产力的有效途径，也是加强科技成果转化工作的一项重要组织形式。一方面，高校教师经常下基层推广和普及农业科学技术，与地方政府或企业合作进行农业示范园区的规划、建设和共同开发，可推动科研工作与农业生产实际的结合。另一方面，教师在推广应用和技术咨询过程中接触到生产中急需解决的问题，也可拓宽科研工作的新视野，找到新课题，解决生产中的疑难问题。同时，高校的教学工作一般都要求有一定的实践环节，把教学工作、科研工作和生产实践联系在一起，可以有机地解决教学工作中的困难，强化学生的实践能力，缩短与社会实际需要的距离，同时向农民传授科学技术，促进农民素质的提高和农业生产的发展，增加农民收入。学生在科研和推广过程中得到提高，教师在推广和生产过程中完成科研和教学工作，而农民则在这一过程中获得科技成果，发展了农业生产。

这种集教学、科研、推广于一身的特点，决定了高校可以利用其优势，成为我国农业技术推广工作中的一支重要力量。

三、典型模式

20 世纪 70 年代末以来，以高校为依托的农业技术推广模式得到了长足发展，主要有河北农业大学“太行山道路”模式、南京农业大学“科技大篷车”模式、东北农业大学“农业专家在线”模式、西北农林科技大学“农业科技专家大院”模式、浙江大学“1 ＋ 1 ＋ N”农业技术推广模式、湖南农业大学“科技富民双百工程”模式等。这些农业技术推广服务模式，

是涉农高校在政府的引导和支持下，结合各自的具体情况，在农业科技推广服务工作中长期摸索、凝练而成的。

（一）“太行山道路”模式

改革开放以来，河北农业大学坚持服务于地方经济建设的办学方针，紧紧围绕河北省特别是太行山区农业和农村经济发展的关键问题，坚持走出校门，走向农村，走近农民，开创出了一条实现教学、科研和生产实践相结合的办学道路。1986 年被国家科学技术委员会（简称国家科委）誉为“太行山道路”。“太行山道路”模式注重人才培养，通过组织单独招生，实施“一村一名大学生工程”，举办农村女状元、女能手大专班，以多种途径服务农村，服务企业，在获得良好的社会声誉的同时，也收获了良好的经济效益。

河北农业大学不断探索农业科技成果转化的新模式，他们创办了全国第一个以大学为依托的农业技术专业化市场——河北农业大学科技市场，使市场与科技接轨，加速了科技成果的推广转化；采用股份制，以技术入股的方式，参与山区的治理，推广科技成果，创造可观的经济效益，探索出实现科技与经济紧密结合的科技治山新模式。此外，他们与河北省临西县合作建成我国第一个良种羊胚胎移植工程实验基地——河北农业大学良种高新技术示范园区，推广转化“利用生物技术加快优种肉羊繁殖技术”等高新技术成果，使布尔山羊养殖成为该县的支柱产业；以企业为依托、学校为技术主体，利用农业开发专项资金，建成河北农业大学农业高新技术示范园区，集中展示学校有自主知识产权的高新技术和成果。并建成全国第一个“科教兴村”试点——易县柴厂村，推广转化多项科技成果和实用技术，使该村 1997 年就跨入小康村行列，在全国起到了很好的示范作用。

（二）“农业专家在线”模式

“农业专家在线”是东北农业大学“国际农业信息与产业研究所”于

2002年创建的农业信息咨询服务网站，是“黑龙江农业信息网”中的重要节点，网站在10个学科中设40个咨询栏目，组织40多位专家，采取互联网、手机短信、小灵通短信、168语音电话、电话Q吧等形式为农民、涉农企业咨询服务。网站日浏览次数17.6万次，用户来自国内各省及国外10多个国家与地区。网站以专家在线与非在线个性化咨询服务为特色，受到广大农民及涉农企业欢迎。收到良好社会效益，成为黑龙江农业信息网中信息交流方便快捷、个性化服务周到的节点。

东北农业大学“农业专家在线”模式注重利用现代网络信息技术，扩大了农业科技信息传播的面，服务对象从黑龙江省扩展到了国内其他地区，乃至国外。

（三）“科技大篷车”模式

南京农业大学针对各地农业和农村经济结构调整遇到不同程度困扰，“三农”问题不断增多等现状，开出“科技大篷车”，通过开展培训讲座、科技咨询、现场指导、赠送资料、考察规划等活动服务于地方农村经济的发展。通过创办科教兴农网站、电话咨询、协办报刊、制作光盘、出版科普书籍、远程教育等方式，把农民和农业科技紧密联系在一起。十多年来，南京农业大学“科技大篷车”行程几十万公里，遍及江苏、江西、安徽、湖北等地的60多个县（市）、500多个乡村。

南京农业大学“科技大篷车”模式注重送科教下乡的普及教育、信息传递，在活动进行过程中方式方法也不断与时俱进，从面到点，从单向传播知识、信息、赠送产品到咨询、服务、指导的双向互动，从科技普及到宏观发展思路的指导，内容在深入，形式在创新。

（四）“农业专家大院”模式

农业专家大院是西北农林科技大学在农业科技推广实践中创造出的一种由政府搭台，专家唱戏，企业和农村经济合作组织参与的新型推广模式。专家、教授以大院为平台，通过农业示范、培训、信息咨询和服务，直接将学校的新品种、新技术、新成果输送到农业生产者手中，建立起了科技直接进入农户的新通道。

西北农林科技大学与宝鸡市人民政府在宝鸡建立了 32 个专家大院，首席专家直接将新技术、新成果从实验室带到示范园进行示范，为农民树立了样板，并通过咨询、培训、指导为当地培养了一批科技骨干和新型农民，指导建立了一批涉农企业，以企业兴产业、带农户，促进了当地产业的发展，取得了明显的社会经济效益。时任国务院总理温家宝在视察宝鸡科技专家大院时，充分肯定了这一新生事物，认为农业科技专家大院是一个创举，有效地解决了科技与农民的对接，不仅为农业科技人员提供了用武之地，而且为中国农业产业化发展走出了一条新路。

（五）“1+1+N”农业技术推广模式

2006 年 3 月 20 日，浙江大学（简称浙大）提出“举全校之力，全面参与社会主义新农村建设”，时任浙江省委书记习近平同志批示：“浙江大学全面参与新农村建设的认识高，有关设想具有操作性”。2006 年 5 月 21 日，浙江大学与湖州市合作共建省级社会主义新农村实验示范区正式启动。作为重要内容之一的新型农业技术推广模式探索和实践同步拉开序幕，经过十年的多方合作与努力，形成了“1 ＋ 1 ＋ N”的新型农业技术推广模式，产生了良好的社会和经济效益。

浙江大学和湖州市双方根据互惠共赢的原则，针对湖州市农业主导产业发展特点，同步开展体制机制改革。2007 年成立浙江大学湖州市南太湖现代农业科技推广中心，高效运行校地农推事务。2010 年，浙江大学成立由 56 位专业教师组成专职队伍的农业技术推广中心。学校在专职教师考核、岗位聘任和职称等方面制定了独特的制度，湖州市在财政投入、项目评审和绩效考核等方面制定了制度。双方成立了相应的管理机构，实施例会制度，对联盟和省地专家等进行严格的年度考核制度等。以一张蓝图绘到底的精神，形成了长效的合作机制，并不断深化改革与实践。

2010 年成立了湖州市十大农业主导产业“1 ＋ 1 ＋ N”联盟，即一个学校或省级专家团队（成果、技术和人才等）与一个地方专家团队（技术和管理等）有机联合，以农业主体（园区、合作社和家庭农场等）为重点开展新品种、新技术、新模式的推广、示范与服务。2011 年，实现全市两区三县全覆盖，市—县区两级联盟互动的新体系。校方专家在生产一线全面开展成果推广、技术指导和培训等农推工作，每年投入在 3000 人·天以上。在产业联盟农推主线工作推进的同时，产业研究院、技术创新团队和技术入股等多样化组织与形式的工作不断推进，农业技术推广无缝对接的目标得以实现。至 2015 年共引进、试验和示范新品种、新技术、新模式 786 项，推广应用 201 项（经过遴选、评估，190 多项成为湖州市农业主导品种和主推技术）；建立了 100 家核心示范基地；制定生产技术规范或管理规程 32 项；实施市级以上科技项目 248 项；每年开展各种形式的培训 200 多场次，培训农民和技术人员 14000 多人次；组织联盟专家集体技术下乡服务 400 多次，服务农民 5000 多人次；组织了市级层面专题调研 138 次，制订产业发展规划或撰写调研报告 98 份；构建了产学研联盟动态信息平台等。湖州市在 2014、2015 年浙江省农业现代化发展水平综合评价中连续获得第一。2014 年，农业部国家现代农业示范区建设水平监测评价其为基本实现农业现代化。

（六）“双百科技富民工程”模式

湖南农业大学始终坚持把解决“三农”问题作为首要任务，让农民分享高校教育和科技创新的成果。2005 年 8 月以来，由学校投入人力、资金和技术，动员 100 名教授带队，组成有研究生、本科生参与的示范团队，深入全省与 100 个农业大户或农业产业化组织进行对接，构建一个以大学为中心的农技推广新网络。这项工作被命名为湖南农大“双百科技富民工程”（简称“双百工程”）。如今，“双百工程”的示范点已成为学校教学实验的基地。点上调查的 100 多项技术瓶颈、200 多个技术难题成为教学科研的重要内容。“双百工程”的目的在于服务一批示范基地，培育一批乡土人才，带动一方农民致富。现“双百工程”在湖南农村已经产生了广泛的经济社会效益，受到广大农民和县乡干部的热烈欢迎。湖南省党政领导高度评价“双百工程”实现了教学、科研、示范、推广、培训相结合，为建设社会主义新农村提供了重要的技术支撑，是一种新型的农业科技推广模式。

第三节　其他类型的农业技术推广模式

除了以政府为主导的农业推广模式及高校依托的农业推广模式外，还有许多其他其他类型的农业技术推广模式，从而构成我国“一主多元”的农业推广体系，为我国农业科技成果转化与推广起到了重要的辅助作用。

一、信息化服务模式

随着信息化的推进，农业信息服务模式不断涌现，常见的有农技 110、三电合一、农民信箱等模式。

“农技 110”模式是由浙江省衢州市针对广大农民对科技信息多方面的需求于 1998 年底率先推出的，目前已由科技部在全国推广。主要是依托市、乡、村建立农技 110 服务中心，形成省、市县（区）、乡镇三级，纵向连通、横向协调的农技服务网络。通过网络服务、电信视频服务、应邀上门等方式，为农户生产提供全方位的技术指导和服务。

“三电合一”模式主要是发挥电话、电视、电脑三种现代信息载体的优势，采用农户易于理解和接受的方式，由农业部门联合广电部门制作农业科技电视节目等，开展多样、交互、个性化的农业信息服务，以其手段新、领域广、效率高等特点及时为生产经营者提供科技、供求和市场价格等信息。

电视、电话、手机、电脑等大量地被投入农业信息服务之中，为实现便捷信息服务、解决信息服务“最后一公里”提供了新的载体。该模式运行成本低，易于农户理解和接受，是农民学习科技、了解市场、掌握政策的重要渠道。

浙江农民信箱，由时任浙江省副省长茅临生倡导，以浙江省农业厅和浙江省移动公司为主承建与管理，全部采用实名制上网的网络服务平台。用户登录该信箱，须到当地农业行政主管部门以真名注册登记后方可使用。农民等上网发布的供求信息，都有信息管理员进行管理，有记录、可追溯，从而有效地解决了网上信息不真实、诚信危机等问题。

“浙江农民信箱”具有六大功能：①网上推销功能，注册用户可通过信箱推销农产品。每个信箱内设有一个农产品买卖摊位，农民只要往上发布自己的农产品供求信息，其余则由政府和有关组织提供相应的服务。②网上采购功能，注册用户可通过信箱采购农产品和其他产品。③网上联系功能，注册用户可通过信箱进行远距离免费联络。④网上信息获取功能，注册用户登录农民信箱，即可获得农业生产技术指导、气象消息、农产品市场信息等。⑤网上统计考核功能，所有在农民信箱系统运行的数据都有记录，以便主管部门统计分析和考核。⑥网上桥梁功能，一方面政府部门可以方便地发送相关信息，另一方面注册农户也可通过信箱向政府部门反映民情民意，以便政府及时掌握农民的需求。因此农民能够借助电脑和手机短信进行网上交流，快速、便捷、免费地获得各种技术信息、市场信息、农产品买卖信息和系统提供的其他服务。

二、田间学校模式

田间学校是联合国粮农组织提出和倡导的一种新的培训方法。近年来，作为一种新型的农业技术推广培训模式，田间学校在北京市郊区（县）得到推广和普及，其特点是：改变过去只在课堂上讲授，不注重解决实际问题的传统培训方式，一切从农民的实际需要出发，注重实效，先从田间地头及畜禽养殖场舍开始，发现问题，解决问题，培训效果切实可靠，深受农民朋友欢迎。

该模式采用参与式、启发式、互动式教育模式，注重需要、实践和技能，突出学以致用，培养农民在生产中发现问题、观察问题的能力，注重解决在种植、养殖实践中遇到的疑难问题。

三、科技协调员模式

农村科技协调员根据周围农民的实际需求，通过市场调查及培训学习，引进新技术、新产品及新成果，然后推广和传授给周围的农民，满足农民的科技需求，从而有效解决科技成果产出与应用之间的错位问题。

在现代农村科技服务体系中，农村科技协调员具有乡土化、市场化、信息化、社会化的“四化”特征，所起的是上传下达的信息员、把握需求的调研员、解决难题的技术员、连接市场的推销员以及科技二传手的作用，变“科技下乡”为“科技驻乡”，有效改善了传统农技推广体系“网破、线断、人散”的局面，解决了农业技术供求脱节、农村科技推广资源分散、农技推广渠道不畅的问题，使科技成果在农村生根、开花、结果。

四、企业产业化服务模式

企业产业化服务模式最大的特点是分散生产、集中经营，把原来分散的、小规模的农户组织起来，成为企业的生产基地，农民成为基地的生产者。这种模式有几种类型：①龙头企业带动型，组织农民共同参与，联结成一种经济联合体，推行订单式“公司＋基地＋农户”的经营模式来组织生产，企业对基地农户有明确的承诺，提供种子、生产资料、新技术推广等全程服务。②农业科技服务部门与产业化龙头企业相结合，实行优势互补，合作发展，促进双赢，这种模式也称中介组织带动型，推行“公司＋中介＋农户”的经营模式来组织生产，企业通过农业科技服务部门与农户建立联系。

企业产业化服务模式有效地解决了生产、流通、加工与科研脱节的问题，是中国目前农村体制下农业产业化的有效途径之一，促进了农业科技成果转化。但也存在诸多问题：①企业与农户没有建立平等对话机制，在产品的价格制定上往往是企业说了算，农户几乎没有话语权；②现行的定价机制往往对双方缺乏约束力，容易随市场变化而出现单方违约现象；③易出现企业借助当地政府对产地形成垄断的局面，导致别的企业无法进入竞争，农民的产品只能卖给这家企业。

五、技术协会或农业合作组织服务模式

这是按照自愿互利、民主协商的原则建立的一种新型的农村合作经济组织，其成员由技术推广机构、生产基地农户、经营和加工大户等组成。技术协会或农业合作组织以自身特有的民办性、合作性和专业性，为会员提供产前、产中、产后的全程服务，解决了集体经济组织统管不起来、国家经济技术部门包揽不了、农民单家独户解决不了的事，推动了农业社会服务体系的建设。目前全国各类农民专业合作组织蓬勃发展，种植业、畜牧水产养殖业、农机及其他专业合作组织均纷纷成立。但由于组织过于松散，农民管理能力有限，其巨大潜力还没有发挥出来，有待于政府进一步扶持和科研院校科技教育的支撑，使农民经济合作组织朝着良性化发展。

六、第三方主导型模式

比较典型的是科研院所与县推广中心联合推广，如黑龙江省农科院院县共建模式。2003 年，黑龙江省农科院充分发挥农业科研院所、大专院校、推广部门和垦区的作用，广泛开展农业科技合作共建，做出科技帮扶 10 个农业弱县的重大部署，重点实施了技术培训、农业科技示范园区、农业科技“专家大院”和农业科技信息四大工程，有效地加速了农业科技成果转化，为县域经济发展提供强大的技术支撑，激活了县级农业技术推广体系，为农业技术推广人员提供了施展才华的空间，促进了县级农业技术推广体系的完善与发展。经过几年的探索与实践，走出了一条依靠科技进步有效破解“三农”问题、加速新农村建设的新路子。

第四节　浙江大学农业技术推广的实践与作用

浙江大学是一所有着百年悠久历史的综合性大学，学校学科门类齐全，涉农学科实力雄厚，并有服务“三农”的优良传统。2006 年以来，更是积极响应党中央号召，提出了“举全校之力，全面参与社会主义新农村”。在服务新农村建设中，坚持“以服务为宗旨，在贡献中发展”的理念，以农为主，理、工、医、文多学科协同参与，创建了与地方政府紧密合作，“领导推动、专家主导、企业支持、项目引领、规模经营”的“湖州模式”。在农业技术推广方面，形成了“1＋1＋N”农业技术推广新模式，并结合学校教师人员分类管理改革，从体制机制方面保障农业技术推广工作科学持续健康发展。

一、深化人事改革，为农业科技成果推广提供组织和人才支撑

为充分整合并发挥浙江大学涉农学科的人才、技术、信息资源优势，学校专门成立了农业技术推广中心，作为农业科技成果转化、集成创新、推广服务的重要平台。2010 年，农业技术推广中心主要负责人全部到位，为高校服务“三农”提供了组织机构保障。

为建设一支具有系统的专业基础理论、生产实践经验、技术集成和创新能力，能为农业产业发展提供科技支撑和服务，具有承担横向技术研究开发课题、培训各类技术人才、开展技术咨询服务的能力，在成果转化、技术推广、经营管理、咨询与培训服务等方面经济社会效益显著、声誉良好，

并能为学科发展提供有效支撑，适应国家经济社会文化政治等重大战略需求的农业推广岗位教师队伍，2010 年，浙江大学按照“人尽其才，才尽其用”的基本原则和“分类引导、科学评估、强化激励、动态调整”的基本办法，积极引导和激励涉农学科教师根据自身特长、特点和潜能，合理定位，明确职业发展目标和努力方向，充分实现学校事业发展与教师职业发展的有机结合。根据《中共浙江大学委员会 浙江大学关于印发〈浙江大学教师岗位分类管理实施意见（试行）〉的通知》（党委发〔2010〕31 号）文件精神，通过教师自愿报名，农业技术推广中心组织有关专家面试，报学校人事处审核，初步形成了一支由 56 名教师组成的农业推广队伍，其中 52 人具有高级职称，60%以上教师具有博士学位。

农业技术推广中心的成立与农业推广教师队伍的组建，为浙江大学在发展现代农业和建设社会主义新农村方面发挥更大作用提供了保障。

二、创新推广模式，探索高校服务现代农业与新农村的新途径

为进一步贯彻落实省部共建协议精神，浙江大学以湖州市为重要试点，结合湖州农技队伍现状和农业产业发展特色，联合浙江省农办、湖州市人民政府于 2009 年共同研究制定了《农科教产学研一体化农业技术推广联盟建设方案》，为切实解决湖州现代农业发展中信息、人才、科技支撑问题，促进农村经济转型升级，提高农业综合竞争力，实现农业增效、农民增收，开展积极有益的探索实践，并于 2010 年 5 月 14 日成立了“浙江大学湖州市现代农业产学研联盟”，并在湖州市下属县、区设“浙江大学湖州市现代农业产学研联盟分联盟”，各分联盟根据各自县区农业支柱产业、主导产业、特色产业的布局特点和农业产业发展需求，提出并组织建立产业联盟，为产业联盟开展新品种、新技术、新产品的研发和推广，新成果的转化运用，新农民的培训和培育提供支撑和服务。

现湖州市下辖县区均已成立产业联盟，产业联盟由首席专家领衔的浙

江大学、省农科院或其他高校院所的教授专家团队，县区农林技术推广服务中心专家领衔、乡镇农技人员和农民技术员参加的技术小组，若干个现代农业经营主体（农民专业合作社、农业龙头企业、现代农业园区、农民种养殖大户）组成，首席专家与产业中的龙头企业、专业合作组织、现代农业园区建立项目合作关系，合作成果在面上进行推广，形成“1＋1＋N”的农业技术推广模式。

三、突出农民主体，创办农民学院

培养新型现代农民是社会主义新农村建设的重要任务，培养一批学历＋技能型的农民大学生，既是贯彻中央的指示精神，构建由短期培训、社区教育、中高等职业教育组成的完善的农村职业教育体系，促进农民培训工作转型升级的需要，也是培养繁荣农村经济、发展现代农业领军人才、实现农业增效、构建农民收入稳定增长机制的需要。

2010 年 4 月 11 日，浙江大学、湖州市农业和农村办公室、湖州职业技术学院（电大）联合创办的一个公办、公益性质的农民教育、培训管理机构——湖州农民学院宣告成立。

湖州农民学院 2010 年秋季共开设畜牧、园林技术、茶叶生产加工、农村行政管理、农业经济管理 5 个纯农、涉农专业。湖州市范围内共新招学员 370 人。新入学的学员中，30 岁至 40 岁这一年龄段占 60%以上，大多是种养殖大户、村干部、农村中小企业经营人员等。湖州农民学院在湖州八里店南片成功举办了“新型农民创业大讲堂”。“新型农民创业大讲堂”由创业、管理、家政、农推服务四类构成，是一个面向新农村建设的培训系统工程项目，通过一定时期送技能、送培训、送文化进农村的公益服务，为进一步推进湖州市新农村建设提供技能人才支持和社会服务。针对农村“两委会”代表、农村妇女、生产养殖大户、农村创业创新能人等不同对象开展不同专题培训讲座，并组织广大学员参加职业技能考证，全面提高新农村建设后备人才综合素质。

四、创新体制机制，探索建立一批农业科技特派员创新创业平台

浙江省自2003年实施科技特派员制度以来，不断完善个人法人和团队特派员制度，推动科技特派员工作向纵深发展，为促进现代农业和农民持续增收提供支撑。浙江大学共派出37位教师，分布在浙江省欠发达地区的14个县（市、区）26个乡镇开展科技扶贫工作。学校还派出了由15位教授组成的法人科技特派员团队，服务丽水龙泉市，现已与当地政府建立了“首席专家为引领，农技指导员为骨干，责任农技员为核心，产业农技员为基础”的四级联动新型农技推广机制，运作良好。在以浙大科技为支撑的省级新农村建设示范县和国家级新农村建设示范村项目顺利通过验收的基础上，龙泉市被列入省级新一轮新农村建设示范县。学校还有由骨干教授领衔的科技特派员专家团队，服务全省34个县（市、区）。结合各地农业技术推广中心分中心建设，不断加强对农业科技特派员、农业产业首席专家的指导。一批农业科技特派员创新创业平台已经形成。一些科技特派员被当地农民誉为“科技财神爷”。

五、主动对接地方，提升服务“三农”水平

挂职干部是联系地方与学校的重要桥梁，学校每年选派教师到各地担任挂职干部，通过他们的牵线搭桥，学校与地方政府建立了直接联系，以联合举办科技成果洽谈会、送科技下乡等形式，进一步加快了农业科技成果的转化。同时根据政府需求，组织不同产业专家到地方调研，为当地农业主导产业发展把脉，形成调研报告，切实为当地农业产业发展服务。

几年来，浙江大学以农业技术推广中心为组织机构保障，以产业首席专家、科技特派员、挂职干部、农业部产业岗位科学家为抓手，以“1＋1＋N”的农业技术推广模式为途径，发挥学校各方力量，扎实服务现代农业发展与新农村建设并取得了显著成效，为高校农业技术推广新模式的创建与应用开展了有益的实践和探索。

参考文献

[1] 陈四长．一种创新型的农业技术推广模式——西农模式［J］．西北农林科技大学学报（社会科学版），2013（1）：1-5.

[2] 陈夏莉．我国农业推广体系现状、存在问题与对策建议［J］．广东农业科学，2011（16）：175-177.

[3] 高启杰．农业推广学［M］．3 版．北京：中国农业大学出版社，2013.

[4] 胡乐琴，汤国辉．当前我国农业科技推广的几种模式［J］．中国农业教育，2006（2）：34-35，55.

[5] 黄保结. 农业科技推广与示范区建设典型案例分析实用手册［M］. 北京：中国农业科技出版社，2008.

[6] 李维生．构建我国多元化农业技术推广服务体系研究［M］．北京：中国农业科技出版社，2007.

[7] 李艳华．美国农业技术创新体系建设及对中国的启示［J］．世界农业，2009（4）：18-20.

[8] 刘光哲．中美大学主导型农业科技推广体系的比较研究——以西北农林科技大学农业科技推广模式为例 [J]. 西安电子科技大学学报（社会科学版）. 2010（3）：72-77.

[9] 聂闯．世界农业推广体系现状［J］．世界农业，2000（1）：50-51.

[10] 欧阳琦．依托高校的农业科技推广模式分析与启迪［J］．科技传

播，2015（10）：129-130.

［11］潘鸿，李丁，王卓识．我国农业技术推广服务体系优化问题研究［J］．当代生态农业，2011（3）：34-36.

［12］全锋，陈淳，孙雄松．新形势下农业高校科技服务模式探讨［J］．农业科技管理，2010（2）：48-50.

［13］孙雄松，吕建秋．对高校服务新农村建设的反思和建议［J］．科技管理研究，2009（2）：110-111.

［14］王磊，徐海圣．新型农技研发与推广体系的湖州实践［J］．浙江农业科学，2015（4）：538-540，549.

［15］徐森富．现代农业技术推广［M］．杭州：浙江大学出版社，2011.

［16］宣锋，费广凡．国外农业科技推广体系建设发展趋势及经验启示［J］．现代农业科技，2011（1）：356-357.

［17］余学军．美国农业科技推广经验与中国的创新——以浙江农林大学科技特派员实践为例［J］．世界农业，2012（3）：17-21.

［18］曾朝辉，王奎武，谭洁，周耀．创新我国农业科技服务体系的思路和对策［J］．河北农业大学学报（农林教育版），2010（3）：428-431.

第二篇

人物实践

— 第一章 —

用知识铺就农业发展的康庄大道

——记浙江大学陈有亮副教授

人物名片

陈有亮，男，浙江大学农业技术推广中心副教授。中国畜产品加工研究会副秘书长、浙江省畜产品加工技术协会理事长，湖州市南浔区畜禽产学联盟首席专家。“浙江大学支持武义创业创新行动”计划首席专家。2012 年被武义县评为“优秀科技合作专家”。

人物感言

我是农民的儿子，为农民干点实事是我的责任。

采访的时间，很惊险地定在了一个早晨。就在前一天深夜，陈有亮老师才刚刚出差回来。采访之后又有其他事情要忙。作为浙大农业技术推广中心（简称农推中心）的农业推广先锋人物、“浙江大学支持武义创业创新行动”计划首席专家，陈有亮一年中至少有一半的时间在外出差，进行实地考察指导。“农业这门学科，与实践是密不可分的，只存在于实验室里的农业是空中楼阁、无根之萍。”

陈有亮的主要研究方向为畜产品加工，先后参加了科技部国家高技术研究发展计划（863 计划）“中国传统食品和畜产品现代加工技术研究”和国家科技支撑计划“畜禽食品冷链流通质量安全控制技术研究与示范”的研究任务；承担浙江省科委“八五”重点课题“牧草与草食家畜综合开发的研究”的子课题“兔肉加工技术的研究”，“九五”重点课题“绍兴麻鸭遗传资源综合开发的研究”的子课题“鸭肉与鸭蛋产品开发研究” 的研究任务；承担浙江省科学技术厅（简称科技厅）重大课题“江山白鹅精深加工技术研究及产业化”,重大专项“鸭蛋精深加工关键技术及产品研制”、“畜禽肉类菜肴工业化生产技术研究”和“中式干酪加工关键技术及产品开发”的研究任务；参加浙江省科技厅重大专项“牛奶安全生产及新型制品加工关键技术研究”和“动物加工产品绿色防腐技术研究及产业化应用”的研究任务；还受企业委托承担猪肉、牛肉、牛奶、水牛奶、羊肉、鸡肉、野鸭、肉鸽、梅花鹿、淡水鱼、鸽蛋等产品的精深加工技术研究等多项课题。

经验丰富的他和许多食品企业家、技术人员、工人以及农民都有长期密切的联系。许多农民在他的帮助下进行了创新创业，走出了属于自己的一条康庄大道。

金杯银杯不如口碑

彼时，刚刚从浙江农业大学（现浙江大学）毕业的陈有亮做的第一个课题是无铅溏心皮蛋的研究。提起皮蛋，大家首先浮现在脑海里的就是用泥巴包裹的皮蛋。实际上，皮蛋大致有两种做法：一种是泥包法，叫生包皮蛋；还有一种浸泡法，就是把辅料都配成药液，然后把新鲜蛋浸泡在这药液里边，浸好以后再拿出来。然而当时市场上的传统配方里，不管是哪一种做法，都不可避免地含有微量的铅。说是微量，但大部分产品已超过了国内制定的标准。国际市场更是对皮蛋含铅量有很严格的规定，所有不合格的产品都要禁销。产品“卡壳”，连国际市场的门都摸不到，更不用说份额占比了，这大大削减了国内皮蛋的竞争力。

针对传统皮蛋的这些问题，陈有亮用铜和锌代替了氧化铅，经过反复实验，克服了烂头、白点等问题后终于研究出了一种不用料泥包裹、不含铅的新型无铅皮蛋。“没有很重的氨味，也没有那种辛辣味。”新型的皮蛋受到了热捧，陈有亮与《新农村》杂志社合作举办了多期无铅皮蛋加工技术培训班，使数百家企业扭转了经营困境。

经过这次的课题研究，陈有亮的人气也攒了起来，有些加工厂、食品公司主动邀请他解决一些“疑难杂症”。这给了他充足的实践机会。渐渐地，“技术过硬，兼顾经济性”的口碑在前来咨询的人们中间树立起来，吸引着更多的人上门请教。

浙江的一家卤味公司，主要生产一种酱卤肉制品，供给当地菜市场里的商贩。但是公司总出现质量抽查不合格的问题，商家的信誉受损，罚金也交了不少，于是公司老板请陈有亮来看看情况。

每天在菜市场买菜的陈有亮喜欢和菜农商贩们聊天、交流。他知道质检部门的抽检都是不定时的，而卤味公司一般在早晨送货，裸露零售，卖到下午，卤肉表面微生物就会超标，在夏季高温天尤为严重。

陈有亮对酱卤肉制品生产的每个工序都进行了微生物污染的调查，并研究微生物在产品从原料到餐桌整个过程中的变化规律及菌相结构，最终决定在原基础上将整个工艺撤换掉，而采用真空速冷、减菌化处理、添加天然防腐因子、气调保鲜包装或真空包装等综合措施。原料在 13 摄氏度以下的 10 万级净化车间进行加工，成品在贮存、运输和销售过程中把温度控制在 4 ～ 10 摄氏度范围内，这样的低温生产可使产品保鲜 7 天以上。在高质量保鲜的基础上，他还发明了一种让酱卤肉制品在销售中始终保持热腾腾的热藏保鲜方法，方便顾客直接食用。

就这样，陈有亮凭借真才实学为农户、企业家解决了一个又一个困难，也积累了越来越高的口碑。

鸭蛋里面挑“黄金”

我国是世界鸭蛋产销的第一大国，产量占世界总产量的 70%以上，出口贸易量居世界首位。浙江省不仅有世界著名的优良蛋鸭品种——绍兴麻鸭，而且年产商品鸭蛋 20 多万吨，成为我国鸭蛋生产的第二大省。鸭蛋产业已成为浙江省现代农业产业体系的重要组成部分，是我省农业、农村、农民的一项重要的经济来源。

普通鸭蛋价格也就五六元一斤，就算是做成咸鸭蛋或者松花蛋，也就是七八元一斤的样子。然而，普普通通的鸭蛋到了陈有亮这里，却可以创造出几十元一斤的附加价值。

都说鸡蛋里面挑骨头，陈有亮研究的却是鸭蛋里面挑“黄金”——卵磷脂。蛋黄卵磷脂被医学界誉为维护人类健康的“脑黄金”。在市场上，纯度高的卵磷脂，每千克能卖 3000 多元。这样算下来，每千克鸭蛋可以提炼出价值 70 多元的卵磷脂。

这样神奇的技术当然来之不易，攻关的过程也是磕磕绊绊。之前一家公司曾委托陈有亮寻找一种提取鸭蛋中卵磷脂的方法。卵磷脂提取的传统方法是用丙酮、乙醚等有机溶剂提取，这些有机溶剂有一定毒性，已不符合现代的要求。若采用国外先进的技术设备，建一套生产线所需的费用多达 1500 万元。如此高昂的前期投资令人望而生畏，第一次的合作就此失败。

陈有亮说：“卵磷脂主要有两个来源，从禽类蛋黄中提取，或从大豆中提取。卵磷脂的化学成分是‘磷脂酰胆碱’，它在大豆中的含量比较低，只占总磷脂的23%左右，而在鸭蛋总磷脂中的含量却高达70%多。”可见鸭蛋生产的优势非常大，陈有亮在合作流产后也没有放弃这个方向的研究，一直坚持进行探索。后来，陈有亮申请浙江省重大科技攻关项目——直接从鸭蛋中提取蛋黄卵磷脂，再次向这项新技术发起挑战。

卵磷脂要求在50摄氏度以下提取，否则活性将大大降低甚至失活，同时，要尽量避免有害溶剂的残留。如何攻克这些技术难关？传统技术是用有机溶剂，但这些有机溶剂都是有毒的，做成保健品天天服用的话即使只有微量残留也对人体很有害。如果采用国外的提取技术，也就是利用二氧化碳超临界萃取技术，虽然效果非常好，但这些设备投资和运行的成本很高，普通的养鸭户都用不起这种设备。

陈有亮先参阅了大量的理论资料，在有机溶剂中圈定了大致的范围，最后逐个进行实验效果，相互比对。他最后决定用食用酒精代替其他的有毒溶剂来提取鸭蛋黄中的卵磷脂，并且成功了。

技术上取得了一些突破，这只是标志着实验室里的成功。应用于实践，还需要找一家有基础条件、有发展持续力及有创新热情的合作企业来投入生产。陈有亮在全国各地来往奔波，找寻合适的企业。最后终于选定了位于武义县的田歌公司。

“全世界第一家直接从鸭蛋中提取卵磷脂的公司”可不是口头说说这么简单的。实际生产中首先要解决的就是设备问题，因为是一个全新的技术，所以农业专业科班出身的陈有亮还得像工科生一样设计机器设备。他和设计技术人员、制作加工的工人反复沟通，把脑中需要实现的功能一点点化为现实。设备做好后，再一台台安装，形成一条完整的精深加工流水线。还需要给操作工人做培训，让他们能驾驭得了眼前的这些机器。三言两语的事情，做起来却是奔波劳累、费心费力。2008年，陈有亮被武义县人民政府聘为“浙江大学支持武义创业创新行动”专家，两次被授予武义县优秀合作专家。

你以为故事就此结束了吗？不不不，陈有亮并没有满足于仅仅研制出提取卵磷脂的方法，作为一名技术顾问，他还做了大量的市场调研。他发现，家长常常把卵磷脂胶囊作为小孩子的营养品，但是小孩会认为它是药而很排斥服用。那么简单地改变一下胶囊的外形就可以解决问题了，比如制作成饼干或是糖果一样的球状。

那么问题来了，烘制饼干需要 200 摄氏度以上的温度，但是卵磷脂在 50 摄氏度左右就会失活，丧失其功能特性。经过了艰难的技术攻关，陈有亮终于做出了成功的样品。又是一番相似的流水线的繁杂设计后，陈有亮高兴地说："预计今年可以投入实际生产了"。

提取完卵磷脂，陈有亮一不做二不休，来了一个"庖丁解鸭蛋"：从蛋黄提取完卵磷脂后，又分离出来蛋黄油、胆固醇、免疫球蛋白、卵黄高磷蛋白等生物活性物质；经过小试、中试，处理过的鸭蛋清可以做蛋白粉；他连外面的蛋壳也不放过，鸭蛋壳的成分是碳酸钙，最适合作为钙强化剂用于食品和医药，壳膜中含有 N- 乙酰氨基葡萄糖半乳糖、葡萄糖醛酸等多种生物活性物质，在医药和化妆品中有独特的用途。可谓是真正做到了物尽其用。

陈有亮将自己的技术推广到武义县田歌公司后，产生的经济效益是相当大的。生产线一投入，直接增加了 80 多个工作岗位。几年下来，年新增产值在 1500 万元以上，年缴纳税金 300 万元以上，而且为今后破损鸭蛋、钢壳蛋的处理都提供了一个漂亮的解决方式。

没有无用的知识

在陈有亮的眼中，研究、教学、推广是一件自然融合、浑然一体的事情，也是作为浙大教授应该具备的科学素养。陈有亮没有把自己束在高高的象牙塔之中，而是投身于广袤的科学田野中。他所提出的课题都是在出差调查期间或企业家农民咨询时遇到的一些"疑难杂症"，他说："不能为了申请课题而申请课题，只有有应用价值的课题才是值得我们投入人力、物力、财力去做的课题。有了这些‘干货’，课堂上才举得出好例子，课才能上得更活泼生动，内容才更经济适用。”

除了学校工作，陈有亮还参加了许多地区（如平阳、湖州等地）的项目专家组，到缙云县等各地开展禽蛋加工技术培训指导。“我们浙大做农业推广，推广的是自己的东西。别人研究出来的，就跟嚼过的馒头一样，不香。”作为掌控着第一手资料的发明人，陈有亮直接与农户企业家沟通，为其答疑。

湖州练市欣农禽业公司董事长周仁琴说：“陈教授经常上门指导，进行操作分析，在提高肉鸭屠宰加工效率的关键技术上给了很有前瞻性的建议。”

农推工作有时会非常辛苦，凭着一股韧劲和对自己技术的爱护之情，陈有亮亲力亲为，走南闯北。“整个浙江省的畜产品加工有什么问题，是怎样的发展情况我都有一个整体的认识。只不过事情分轻重缓急，有些可以先放一放，有些需要立即着手去做。”陈有亮一边走访考察，一边在心中默默刻画着畜产品加工技术发展的蓝图。

综合的另一个方面体现在学科的交叉应用。农学专业毕业后，只要有机会，陈有亮就去继续学习，学习的内容并不局限在自己的专业范围。像是皮毛、革制品之类的培训班，当时参加也并没有什么明确的目的，但后来就遇到了一家委托他改进饲料（主成分为牛皮）的宠物饲料公司，皮革的知识就帮了很多忙。

就像是折子戏里埋得深深的伏笔，在某一个桥段的关节处终于显山露水。“没有无用的知识。哪怕终无所果，人为了避免单调必须丰富自己，不必在意结果是否徒劳。”

知识，在他这里，铺就了农业发展新的康庄大道。

采访手记

接触陈老师的时间不长，却如此清晰地感受到老师的踏实、朴实。他用最尖端的技术和最纯粹的态度去孕育人类文明中最原始的部分。在采访期间，陈老师表露出的耐心与韧性、责任感与使命感等所融合形成的人格魅力也随着时间流转而愈加深刻。我似乎渐渐了解浙大这所学校的魅力所在——这些专注高端却又平易近人的教授们，正是浙大之所以为浙大。

（学生记者　卫　璇）

— 第二章 —

农业推广是一种奉献

——记浙江省科技特派员、浙江大学食用菌专家陈再鸣副教授

人物名片

陈再鸣，男，浙江大学农业技术推广中心副教授。浙江省食用菌协会常务理事、副秘书长，浙江省非主要农作物品种审评委员会食用菌专业组副组长，浙江省龙泉市、云南省景东彝族自治县食用菌产业首席专家。2004 年至今担任浙江省科技特派员。曾三次获得浙江省优秀科技特派员荣誉称号。2009 年获浙江省农业科技成果转化推广奖，2010 年获龙泉市科学技术突出贡献奖，2011 年被评为浙江革命老区创新创业优秀工作者，2013 年被评为浙江省突出贡献科技特派员。

人物感言

农业推广不是单纯的技术服务，而是一种奉献，要用真心去做。

“你找谁？”2015年7月的一个下午，空气里携带着热度，在浙江大学华家池校区东边的食用菌研究中心楼下，一位面带笑容的中年男子问我。他刚下车，看得出风尘仆仆的痕迹。

“我找陈再鸣老师。”我小心翼翼地说出这句话。

“我就是，这地方平时也基本没人的，找找也辛苦，若不是刚好碰到，怕是没人给你指路。”陈老师温和地说，带我进了办公室。他顺手帮我倒了杯茶，温度刚好。

陈老师将他关于农业推广的故事缓缓道来。

科技特派——高山乡区的致富之路

自2004年开始，陈再鸣便在仙居县溪港乡担任科技特派员，这一当就是11个春秋。“高山乡不像平原乡，它没有什么特色的农业。大部分的青壮年人员都外出务工，留守的大部分为老人。因而推广先进的农业技术非常困难。”陈再鸣这样说。

立足于当地的实际，陈再鸣发展了高山有机茶的种植，并推广了一些技术成熟、易于栽培的食用菌，如香菇、木耳等等。

溪港乡食用菌栽培原料丰富，拥有许多板栗树，树枝可以用来生产香菇、木耳。作为特派员，陈再鸣手把手地教当地的农户栽培木耳，并安排经费购买小型机械，用于粉碎树木枝条和耳袋打孔等生产环节。在他的指导下，每年木耳的产量能有20多万袋，每袋的成本只有2～3元，好的年份可以卖到 7 ～ 8 元。有这样的收益，农户可高兴了。陈再鸣自己总结，这种模式比较适合山区经济和劳动力的现状。

除了溪港乡，仙居县其他想发展食用菌的地区也会找陈再鸣，他都会热情地提供帮助。上张乡的善因村，是省科技厅新农村科技示范点，其产业示范内容主要是黑木耳。种植木耳讲究生态建设，仙居山好水好空气好，也有大量的树木资源。木耳怕高温，不怕低温，只能在冬季栽培，光照越强，品质越好。等水稻田干了以后把木耳摆出去，只需要一个小小的喷淋设备。木耳可在晒干以后再慢慢销售。从耳袋栽培技术到管理，陈再鸣都尽心地去帮助，在第一年做了 2 万袋后，2014 年又做了 10 万袋，现在已扩展到整个乡，农户的收入提高了不少。他准备再向其他地区推广这种新的农业自主产业区培育模式。由于村里投入资金比较少，陈再鸣就自己掏了 4 万元，送了个大棚给他们当示范。

“我现在刚从那个地方回来，就是为了这个。”陈再鸣喝了口茶，“农民出于自身的要求，迫切致富，浙大老师有这个技术去帮助他们。我们的技术成果和理念能够得到当地政府、农民的支持和信任，也是对我们最大的肯定。帮助他们取得一定的效益，这本身就是一件比较开心的事情。搞农业推广是一种奉献，不要想着从农民那里得到什么。新菌种、新技术，不单单要消耗时间和精力，自己还要贴钱来做。用经济杠杆去衡量农业推广是不合理的，没有这样的奉献精神是无法做成功的。”

地方首席——野生菌的生态利用

“陈老师，您为何会选择到云南景东当地方产业首席呢？”原以为他对这个地方有着特殊的感情。不过他的回答倒很实在，“这是教育部 2013 年对口扶贫项目，26 所高校各对应一个贫困县。”

众所周知，云南的野生菌十分有名，加上得天独厚的生态资源和生物多样性，发展前景可谓广阔。当地之前也有较多的野生菌产出，但由于无人管理，无序乱采，以及当地山高路远、交通不便的现实困境，附加值很高的野生菌也难以销售到其他地方，因而效益并不可观。

“在农业方面，景东有蚕桑、乌骨鸡和食用菌 3 个特色产业，食用菌方面是我来负责的。”陈再鸣说。

2013 年，陈再鸣去了两趟景东，了解当地的情况，完成了《从资源禀赋看景东食用菌产业的发展》的调研报告和《2014—2019 景东药食用菌产业发展建议书》，计划用 6 年的时间逐步实施。

野生菌的产出原先靠天吃饭，天气好的时候产出很多，天气不好就会遭遇颗粒无收的状况。针对当地特有的野生小香蕈资源，陈再鸣进行了人工驯化研究。景东地区有两个国家级保护区，还有一个生态湖（处于保护状态），不允许新物种对原先的环境造成破坏。刮风下雪的时候，枯死的树木会被推倒，但砍掉是不被允许的，自然分解的过程相当漫长。加速植物分解需要利用真菌。陈再鸣利用保护区的野生菌资源，通过生物技术手段培育出纯菌种，然后将菌种接种到倒伏的树木上。一方面加速了植物的分解，保护了环境的原生态；另一方面也增加了人工促繁的野生菌产品。同时，为了丰富景东的食用菌产业，他从浙大实验室引进了产孢灵芝菌种和全程产业化生产技术，示范的灵芝孢子粉生产基地已开始出芝。下一步，利用景东产出的优质孢子粉原料，进行破壁深加工，将制成灵芝破壁孢子粉，以延长产业链，培育景东药用菌健康产业。

通过陈再鸣几年的努力和各方支持，现已在景东哀牢山自然保护区建立首席专家野生菌资源保护实验室，启动野生菌调查和保护工作，为景东森林野生菌资源保护和生态利用打下坚固的基础。

与浙江其他地方做起来的“人工痕迹较多”的产业不一样，景东地区以保护为主，是保护基础上的生态利用，生产出来的菌类产品也符合人们对野生菌的偏嗜。“人工栽培过多导致产能过剩，没有了猎奇的心理，再好的食用菌也变成了青菜萝卜。”

促进人与自然的和谐，并产生正能量的最好方式，就是用现代生物科学技术来生态化地利用生态资源。

基地建设——农业推广的好路子

在美丽的千岛湖旁，坐落着陈再鸣的“现代农业综合试验示范基地”。

“基地建设是要自己确定了再去争取的，不是报一个就承认一个，大家都很有自己的特色，所以要竞争。”陈再鸣的基地是农业综合基地，不单单局限于食用菌方面，还包括了蔬菜水果及其加工，对生态条件的要求十分苛刻。他是这样规划基地发展的：重点围绕桑果枝生物质循环经济这一中心，以集约化食用菌生产为手段，推广适合现代生态循环发展水平的食用菌培养料循环利用新技术，将生物链概念放到产业循环中，建立一个生态循环产业链。

基地利用淳安现有的 4 万多亩（1 亩 ≈ 666.7 平方米）的桑园，对其进行三级转化利用：第一级利用是将桑枝作为原料，将树干中的木质纤维素供给秀珍菇栽培。在这种情况下，一亩地能多获得 1200 ～ 2000 元，给桑农增加了不少收入。第二级利用是将秀珍菇栽培废弃物用首创的生物发酵隧道进行快速发酵，将其转化为园艺栽培基质。一升基质可以卖到 1.0 ～ 1.5 元。第三级利用是种蔬菜和葡萄，“利用循环的废弃物种葡萄，2 年的产量和品质都远远高于常规 3 年种的”。基地生产采用全过程的闭路循环系统技术体系，是物质和能量的充分运用。这是传统农业做不到的。

另外，在开化、常山、淳安等地，陈再鸣推广了食用菌液化菌种新工艺和蘑菇培养料新型生物发酵技术，建立了两个示范基地，并取得显著成效。《农村信息报》曾以“我省新型菌种生产技术研究取得重大进展”为题，详细介绍了这一重大成果，称之为“标志着我省拥有自主知识产权的食用菌新型菌种生产技术取得重大进展”。

陈再鸣说，建设有技术的基地符合现在农业生态发展的方向和趋势，有实实在在的效益，会得到很多支持。

农业推广还需不断探索

现下，信息技术的普及和生态可持续发展已经成为经久不衰的主题。

陈再鸣介绍了食用菌产业的现状：两极分化明显。一部分能与国际接轨，采用了先进的工厂食用菌生产模式。由于食用菌不需要阳光，可以温室培养，密闭的生物车间趋于工厂化。这类模式主要分布在沿海发达地区和大城市的郊区，周期短、产能高，非常高效，且集成度高，金针菇、杏鲍菇和超市生鲜柜上的小包装菌菇都是采用工厂化生产的。但是这类模式也是双刃剑。一开始，工厂竞争力很强，但一哄而起、产能提高以后，市场过于饱和，超出了消费者的消费量，很多工厂就处于停产、亏损的状态，因而整个产业处于比较尴尬的现状。与工厂化生产不同，山区和老区都以分散式生产模式为主，栽培周期长，产品适销对路，广受菇农喜爱，如香菇、木耳都是以这种方式栽培的。当然，这种模式也正在向集约化、专业化转变，如菌袋生产、培养料粉碎等环节都已经实现了机械化。

食用菌产业的发展状况在不断变化，农业的市场需求也在不断变化，而且变得非常快。负责农业推广的老师们也要跟随这些变化进行创新。农业推广人员要传授给农民的，不仅仅只是农业技术本身，还有获得这些技术和方法的渠道，以及产业化的趋势、市场走向、产能及资源的情况，项目繁多。现代农民不仅要懂技术，还要会经营管理，了解市场。同时，栽培方式也要生态化，少用药，保证产品的安全。而如何让消费者放心食用，这又是一个新的挑战。

一般情况下，农民不会很主动地要求去改变其传统生产方式。用现代先进理念和他们沟通有一定的困难，“这是因为农业本身的弱势，而改变需要资金和技术。”

中国的农业发展要取得政府的支持，但是农业涉及的方面太过广泛，蔬菜、粮油、水产等都要争取项目，从技术层面变成一个产业或者产业链，这中间的过程相当复杂。农业是国民经济的基础。与工业产品由生产的公司定价不同，农产品的价格不是农民定的，且不允许过分涨价，因为它是

13 亿人口赖以生存的物质基础。

在陈再鸣的认知中，国家的补贴政策一定要到位，给予农村更多的实惠，农产品补贴也要及时。实际生产者需要享受到真正的福利。

“农业推广不是每天喊口号发文件就能够做得好的，它更需要实实在在的奉献和实践。以后，我校农业推广要走的是全面推广的道路，推广难度增大的同时，也恰恰可以展示浙大老师全面的技术、理念，以及在产业引领方面的高瞻远瞩。”

采访手记

陈老师在短信里给我的印象是比较严肃古板的，我在采访之前一度担心自己不能跟老师很好地交流。见到陈老师以后，我就明白我想错了，老师非常健谈，也很热情。在采访中遇到技术相关的问题，他会拿来相关的调研报告，翻出里面的机器示意图，为我认真讲解它的构造和运行原理。

中国还有相当一部分的农村仍然沿着古老陈旧的模式缓慢向前，那里的农民依靠传统农业来糊口，却远达不到致富的要求。我想农业推广真的是还需要走很漫长的一段路的，不仅需要农业推广老师的努力，也需要社会的方方面面一起营造促进农业发展的氛围。

在采访中，我问了老师这样一个问题，“对于农学专业的学生而言，他们以后会认真地将自己的专业知识运用到农业推广中吗？”老师说，学农学生第一年的收入会跟其他专业相差很多，一部分人会不安心，选择另谋出路。农业推广这个职业想要吸引人，基础的待遇就需要一定的提高，这样才能实实在在地在这个体系当中培养出人才。

（叶娜妮）

—— 第三章 ——

我的茶叶推广三道

——记浙江大学龚淑英教授

人物名片

龚淑英，女，中共党员，浙江大学茶学系、浙江大学农业技术推广中心教授，国家茶叶产业技术体系岗位科学家，全国茶叶标准化技术委员会委员。浙江大学湖州市茶叶产业联盟专家组组长。

人物感言

做农业技术推广需要研究、教学、推广相结合，三者不可分离，利用科研成果进行教学和推广，在推广和教学中发现问题，从而再进行研究，在这个循环的过程中才能推动农业的发展。

走进龚淑英老师的办公室，第一感觉便是扑面而来的清韵。

窗边大大小小的绿色盆栽就在眼里投下一抹绿，清淡的茶香也逐渐钻入鼻腔，让人忍不住想大吸一口气。办公室里几乎成了一个小茶房，茶几上摆放着不同的茶具，各式各样的茶叶在室内占据了不小的地盘，在近门的地方，还有一台小冰箱专门用来存放茶叶。

“平时喝不喝茶？喝点什么茶好呢？”采访还没开始，龚教授便张罗着要泡茶。

龚淑英老师是爱茶之人，从 1978 年进入浙江农业大学茶学系以来，她与茶相伴已经三十余载，茶叶技术的推广，贯穿了她的岁月春秋。

研究：理论与实践的结合

龚淑英老师是农业部负责茶叶品质评价与精制拼配的岗位科学家，她解释说：“岗位科学家主要负责应用研究和用技术指导推广，至于推广的具体过程则是由试验站进行的。”

什么样的茶叶才是好茶叶？想要回答这个问题，首先要确定的就是茶叶审评方法的标准。龚淑英老师用 4 年时间主持制定了茶叶感官审评方法的国家标准，并于 2009 年在全国范围内推行。茶叶感官审评中，不同香气、滋味的物质基础是茶叶中的各种生化成分的含量，不同的成分在不同的浓度下会产生不同的味道。如茶多酚类会产生涩味，咖啡碱会产生苦味，氨基酸会产生鲜味。研究茶叶感官审评的理化基础，就是要为感官审评提供理论支持，同时建立感官审评结果与生化成分之间的联系，为茶叶品质的仪器化检测奠定基础。通俗来讲，就是综合调用各种感官来回答“什么样的成分比较好喝？不好喝的成分是什么？”

除了茶叶感官审评的理化基础，龚老师还在研究加工工艺对茶叶品质的影响。就像是烹饪方式不同，食物味道不同一样，茶叶在加工过程中，不同的工艺技术参数会对茶叶的品质产生影响。这种影响首先体现在成品茶的造型上，以绿茶为例，采用揉捻工序的茶叶是卷曲形的，采用理条工序的茶叶是兰花形的，采用扁炒工艺的茶叶是扁平形的。其次，这种影响还体现在茶叶的内质，即汤色、香气和滋味上。不同的加工工艺与技术参数会造成茶汤颜色的深浅、色度、明亮度不同；茶叶香气的香型、高低不同；滋味的浓淡、醇度、涩度、鲜度等不同。此外，即使是一些细微的参数变化也会对茶叶品质造成影响，例如在烘干时温度过低，时间不充分，会导致茶叶产生青涩味；而温度过高，时间过久，则会使茶叶产生火工味。

龚淑英在茶叶评审现场

龚淑英老师每年要喝四五千种茶，她笑言“一个茶展就要喝上四百多种”。对于加工工艺对品质影响的充分把握和不计其数的审评经验也使得龚老师练就了一套神乎其神的评茶功夫。2005 年她去黄山做技术推广，在审评时发现基地提供的茶叶中有“太阳晒过的味道”，向基地人员提出却遭到了否认，说是茶叶自摘取以来没有经过日晒。然而基地主管随后的解释正好佐证了龚老师的观点——原来这批茶在采摘时因为茶厂容量有限，容纳不下，于是放在了厂外的空地上，这才有了“太阳晒过的味道”。

“但是有经验的审评专家是需要很长时间来锻炼和学习的。所以我们现在在做的一项工作就是通过机器测定的图谱和成分，与我们感官审评的结果进行相关性分析。”龚老师对茶叶品质评价的发展有着自己的目标，这也是她正在进行的基于电子鼻、电子舌技术的茶叶品质检测——电子鼻和电子舌能分别对茶叶的香气与滋味产生信号响应，从而达到判别不同类别、产区、等级茶样的效果，同时，通过建立感官审评与理化成分之间的联系，还能对茶叶品质进行预测。“我们理想化的目标，就是通过仪器来分析茶。”龚老师如是说。

除了每年 4 月亲自去茶叶基地进行技术服务之外，龚淑英老师多数时间待在自己的实验室，但这并不影响她为茶农提供技术方面的指导。茶叶基地把茶叶送到实验室，龚老师通过感官审评和理化实验发现茶叶加工过程中的问题，提出相应的建议。龚老师对远程技术服务印象最深的一次便是对安吉茶叶的审评。杀青是绿茶生产过程中的一道重要工序，利用高温破坏酶的活性，并蒸发叶片的水分。龚老师发现安吉送来的茶叶杀青环节出现了问题，经过进一步实验认定是杀青温度不够。龚淑英老师当即把这个问题反映给安吉茶厂，可是茶厂说杀青设备的温度都是提前按照要求设置好的，不存在温度不够的情况。龚老师觉得不对劲，思考了一下，突然想到了一个合理的可能性，既能解释温度不够，又能解释设备设置的固定值，她把自己的想法和茶厂沟通之后，茶厂果然传来了和她想法一致的结果——设备的测温点下落，所以虽然已将温度提前设置到标准值，但实际锅温仍然不够。

对于龚老师来说，要推广茶，先要通过科研实验对茶建立深度的了解。日久年深，积累丰富的经验，才能换来茶叶品质的不断提高。

推广：看菜下饭，不同模式不同处理

采访当天龚淑英老师还在为产业联盟的培训忙碌，她高兴地介绍说自己请到了一个京东的电商专家来进行讲座，教从事茶行业的人士利用“互联网＋电商”模式进行线上茶叶的销售。

龚淑英老师是浙江大学与湖州共同打造的十大产业联盟的地方产业主席，专门负责湖州茶产业的技术推广，通过共做研究项目，建立示范性基地，开展技术推广，比如人员培训、实地指导和技术服务，帮助企业研发新产品来推动茶产业的发展。茶叶产业联盟服务的茶叶生产主体共有158个，包括3个省级农业龙头企业，13个市级农业龙头企业；涵盖茶叶企业、专业合作社、种茶大户；涉及茶产业一产（初制加工）、二产（精深加工和流通）、三产（茶馆、茶文化类）；实现了茶叶产业链的全覆盖。

提起成效，龚老师颇感自豪：“在2008年以后，湖州市整个茶叶的水平提升非常快，湖州的民用绿茶的加工水平要高于浙江的平均水平，也要高于全国的平均水平，这与我们的技术指导和培训是分不开的。”有了产业联盟的助推，湖州茶产业水平得到了很快的提升，2014年湖州市茶叶以32亿元的总产值跃居全省第一位（2013年第3位，2012年第4位）。

她直言产业联盟这种形式的优势突出：“可以把手中的先进经验和先进技术，非常好非常快地落实到湖州这个地方。这是两者间的紧密结合，所以技术会没有障碍、比较快速地落实到基层。”

以前德清双峰用于莫干黄芽杀青的滚筒太小，而投叶量又大，导致筒内较闷，透气性低，使得茶叶的色泽受到影响，加之茶叶摊放时间不足而使得含水率高，茶叶品质难以得到提升。龚淑英老师和她的团队实地了解了莫干黄芽的加工情况后，提出改进滚筒大小等有效的建议，为莫干黄芽品质的提升做出了贡献，使其在“中绿杯”中国名优绿茶评比的400多个绿茶品种中脱颖而出，荣获第一。

2014年，她推广的名优茶标准化、连续化加工技术已经落实到9家企业11条生产线，实际加工量达222吨；而春茶生产气象保障技术提供了及时的气象预警服务和防灾减灾技术指导，增产提质带来的经济效益达 100 元 / 亩，挽回的经济损失有 150 元 / 亩。

“在我们茶叶行业，茶不仅要做得好，还要卖得好。我们做好了一定要卖出去，要让人家喝。”龚老师觉得，推广茶叶不仅仅是品质上的提高，同时要把好茶推到大众的面前。从去年开始，龚老师团队的工作重心就从注重种植逐渐转向帮助企业打造品牌，建立标准体系上。

龚老师还强调，不同的企业类型所需的推广模式是不同的，要根据企业特色制定适合其发展的模式。如宋茗基地致力于开发产销研一体的模式——“以销售为龙头，以生产为后盾，以研发为先导”，并深入发掘和利用安吉白茶文化底蕴，打造“宋茗，天下共茗”的品牌精神，在产品和营销上为广大茶叶基地做了良好的示范。由于宋茗基地是生产型企业，龚老师便根据不同茶叶的特性将其产品分为不同的类型。“生产型企业讲究资源利用，我们要充分发挥原料品质的最大价值。对于小片茶叶，我们把它分成凤形、兰花形等等。叶片大的，我们就做成砖茶。还有茶花，我们也可以把它做成茶产品。”

对于不生产只销售的“店式”企业吴裕泰，龚老师为该企业建立了一套完整的质量技术体系，她认为店式企业的推广应更加注重产品质量与拼配，而实践也证明了其正确性：吴裕泰从 2000 年一家一两千万的小企业已经升值成五六亿的大企业。

教学：让更多人了解茶

茶学在大众眼中一直是一个冷门专业，许多人喝茶，但却不会真正系统地学习茶。“以茶为专业，做一个茶农？是不是有点‘low low’的？”甚至有的同学也这么觉得。然而专业并没有高和低之分，龚老师深信这一点。她想做的不仅仅是茶叶技术的推广，更是对茶文化的推广，让大家喜欢茶，了解茶。

龚老师 1978 年开始学习茶学，自毕业以来一直在讲台耕耘，如今已是浙江大学茶学系教授的她给本科生和研究生不仅开设专业课程“茶叶审评与检验”、“茶叶加工与品质管理学”和“茶叶加工原理”，还开设了选修课“中国茶文化研究”。教学永远是她的本职。在她看来，教学也是推广茶学十分重要的一环。

龚老师的教学也不是没有遇到过阻力，兼顾家庭与事业总是一个挑战。1991年，龚老师带着毕业生去德清进行毕业实习，一待就是3个月。在这里，他们和茶农同吃同住。白天去茶园实地考察，晚上就进行总结研讨。生活本就劳累，更何况龚老师身边还带着一个18个月大而且生着病的孩子。即使在这样艰辛的条件下，龚老师依然兢兢业业，她和学生别出心裁地把当地的茶叶外形进行改变，有扁形甚至还有碧螺春的卷曲形，通过大家的努力，茶叶品质得到提升，价格也翻了一番。

龚老师心中的教学对象不仅是在校的学生，还有社会上对茶感兴趣的茶友。从2003年开始，浙江大学农业与生物技术学院就面向社会开设了评茶员的职业技术培训。培训教学主要是以感官审评标准为依据，让学员通过嗅香气、尝滋味，对不同品质的茶叶进行辨记。每年开设3次，一般为3，6，9月，每次招收100名左右的学员进行集中培训。“最开始的时候，没人知道，我们就只能靠着自己的人脉招揽生源。由于我们的教学质量好，口口相传，影响力越来越大，现在已是需要提前报名才能进入我们的培训班。”现在参加培训的人员来自全国各地，既有名校毕业的各行精英，也有来自生产一线的茶农。在培训中，对学员我们一视同仁。“尽管有人觉得我们的培训档次不高，有点‘low’，但是知识，特别是应用性的知识是不能用‘low’和‘high’来评价的，符合茶农需求、消费者需要、行业需要、社会需要，对推动产业的发展有利，我们就很乐意并努力去做。”

谈起开展社会培训的初衷，龚老师说，一方面是让业界和社会大众现身说法，让在校的茶学专业的学生看到社会需求，认识到“自己学的是很有用的”；另一方面，也是浙江大学利用自身的教学资源优势进行社会服务，“让大家知道浙大有服务社会的这个功能，让大家知道浙大有茶学系”。龚淑英老师觉得推广茶不是要完全把茶叶技术做出拘泥于实验室的“高大上”的东西，而是要让爱茶之人有机会深入地去了解茶，“是喝茶的人支撑着我们这个产业”。因为前来培训的学员多为业内人士，一年有近300名学员参加培训，十年就有3000个，从事茶叶产业的人士不是特别多，3000个经过培训的业内精英对于茶产业发展的影响力是非常大的。

就如老师自己说的那样，作为大学教师，教书育人、科学研究、技术推广这3个方面，她一方面都没落下。茶叶推广的路还很长，龚老师希望能有更多的人愿意加入到这个行列中来，让更多人体会茶之美。

采访手记

从前我对茶并不了解，可是经过和老师的聊天，我突然有想法，要在一个风和日丽的下午，选上一个好地方，静静地品一杯清茶。茶似乎真的能带给人一些说不出的感受。

一片小小的茶叶，传承几千年的茶文化，确实值得我们去好好地品味。

对茶的热爱，支撑着老师不断地推广茶叶技术与茶文化。“想让更多的人了解茶，喜欢茶。”这是龚老师的心愿。

而其他农业推广的老师们，也定是有着对自己从事内容的热爱，才能在这条路上执着地走下去。

农业，并不卑微，我们脚下的黄土地与土地上结出的果实，饱含着他们的满腔热忱。

（余晓宇）

第四章

这是蛮有味道的一项工作

——访浙江大学农业技术推广中心胡伟民副教授

人物名片

胡伟民，男，浙江大学农业技术推广中心副教授，主要研究方向为玉米品种选育及种子科学。先后担任浙江省科技特派员、浙江大学湖州市粮油产业联盟专家组组长。多次获浙江省优秀科技特派员荣誉称号，2013 年被评为浙江省突出贡献科技特派员。多次获浙江大学湖州市市校合作先进个人荣誉称号。

人物感言

农业推广是蛮有味道的一项工作，我喜欢这项工作，乐意做这项工作，而这项工作也给自己的科研一个走出实验室的机会，给我不断学习的机会，给我与实地的农业生产直接接触的机会，自己也收获了很多。

一开始参加工作，我就在基层。在科技特派员这种模式开始推广的时候，虽然自己在学校有教学和科研的任务，也考虑了自己的精力能否兼顾校内和农村的工作压力，但是最后还是下定决心做了，且这项工作越做越有味道。能亲力亲为地为农民服务，也让我对农业推广工作（农推工作）有了更强的积极性。

同时，在和企业的合作项目中，我为他们探索省工节本的模式，让他们能够充分利用“高校主动设计，企业积极配合”这种合作模式的优势，而合作也为我提供了将技术转化成现实的平台，双方互惠互利，这让我觉得自己的研究更有意义。

一本画满圈的挂历，就是胡伟民老师忙碌日程的缩影。“这些圈，表示的都是我要外出做事情的日子，其中到基层、到农村的次数一周至少有一次。”本科教学、专业书籍写作、科研、科技特派员、首席专家……虽然忙碌，但胡伟民对于农业推广工作依旧十分重视，在他的眼中，农推是蛮有味道的一项工作。

从专家变成“博”家

“我刚刚参加工作的时候，就到了基层，参加过基层路线教育队，工作第二年就在嘉兴的农技站蹲点……”这些早年的回忆让胡伟民对下基层进行农业推广充满了熟悉的感觉。而这种对基层的熟悉与亲切感，以及丰富的实战工作经验，早已深蕴在胡伟民的脑中，所以在胡伟民担任科技特派员重新和基层的农民们打交道时，他能够马上和农民打成一片，获得了大家的信任。同时丰富的经验也有助于他当场解决很多农民们的问题，专业的水准也得到了大家的赞扬。

在胡伟民的桌上，还有一个“浙江省杰出贡献科技特派员”的奖杯，这个奖杯不只是对他工作的肯定，也是他多年科技特派员经历的一个见证。从第一届到现在，胡伟民已经连续 15 个年头担任科技特派员的工作，虽然科技特派员每年都在换、每年都要重新报名，但是胡伟民一直坚持在这个岗位上，他也戏称自己“老下乡”。

在学校中，胡伟民的科研专注于玉米育种和旱粮生产，而科技特派员的经历则将胡伟民从一个专业的研究人员变成了一个广泛学习的农学专家。

“大农业包含了很多学问，像果树、蔬菜、茶叶等等，每种作物都可以是一门学问，我自己主要研究的是育种和旱粮，但是作为科技特派员，我接触到的问题就不仅仅是我所熟悉的大田作物了，我还要帮助农民们解决蔬菜、果树的问题。”作为科技特派员，胡伟民也要不断学习。“比如我在湖州的时候，帮一个养猪专业户解决关于农家猪饲养的问题，我就要查资料，了解畜牧业相关的知识，这让我从一个专家变成了一个‘博家’。还有关于果树剪裁的问题，我也特地向我们学院园艺系的老师学习。现在，我对农学各个方向都有涉猎，在做科技特派员的时候，即使面对不是自己专业的知识，也不再怯场了。”所以在胡伟民的眼中，担任科技特派员，不只是一个贡献的过程，自己也在这个过程中有很多收获，学习新知识，也给自己的生活添加了新的味道。

这是一种成功的味道

市校合作项目，是胡伟民参与农业技术推广的另一个舞台，这也是他研究成果推广和落地的一个舞台。

玉米是南太湖区域的重要农作物，也是胡伟民主要研究的作物之一。而辣椒和玉米的间作，是胡伟民在南太湖玉米研究基地的落地项目之一。“利用辣椒的香味可以驱散降低玉米产量的虫子，而阳光在玉米叶片上散射后照射在辣椒身上，可以让辣椒的色泽更加均匀，品质更高。除此之外，我们还探索了玉米和生姜的共生互利栽培、玉米和大豆的间作等等，下周二我们就要去验收这些成果了。”作物间套轮作后带来的生态上的互利，是胡伟民的一个研究项目。正是由于市校合作项目的展开，他的研究才能走出实验室，成功落地，并接受产业化的检验，尝到实践的味道。

在玉米丰收后，玉米秸秆的利用也是一个有潜力的研究点，自然这也成为胡伟民另一个着眼点。在当地，秸秆多是用来喂养羊，羊也可以为玉米提供有机肥料。所以根据当地已有的这种模式，胡伟民和他的科研团队为当地的一家销售羊的企业搭建了一个结合玉米生产与羊畜牧业的示范基地，通过理论分析与实际运作，现在这家示范基地已经有了400多亩的养殖与种植土地，还有年出栏3000多头羊的产量。

胡伟民说，高校和当地产业进行的市校合作项目，经历了两个阶段。“一开始他们需要我们帮他们做什么，我们就做什么，我们做的是解决他们生产的问题，提供技术上的支持。”以往很多和企业的合作，做到这里就已经结束了。而现在，市校合作进入了第二阶段。“通过第一阶段的合作，企业短期内的问题已经解决或基本解决了，并且双方也积累了信任和经验，这个时候我们就主动为他们规划发展路线，提前和企业沟通好哪些方面可以进行改进。与企业达成共识之后，我们来负责相关的科学研究，企业负责为研究成果的落地做好资源、物资的准备。”胡伟民觉得，这样的合作，保证了一项技术出炉后，企业可以很快地适应这个新的技术，技术也可以很快地大规模使用。比如当出现劳力成本上升的苗头之后，胡伟民就开始和企业规划如何降低人力成本，提前两三年就开始商讨技术对策。当技术实现时，企业早已经做好了技术落地的准备，这样马上就可以投入使用，大大缩短了技术与实践的磨合期。

对于自己给当地农业带来的发展，胡伟民在高兴的同时，也十分感谢湖州的产业给自己带来的科研资源。现在，他也让一些科研项目走出了实验室，直接在企业中“落地”，这些企业也十分乐意为他提供资源。这是一种成功的味道。

不为人知的坎坷

科技特派员的工作除了辛苦，也充满着未知的危险。一次在温州蹲点时的惊魂经历，让胡伟民印象深刻。

2005年，胡伟民在温州文成县蹲点，当时和乡里的干部一起去农村考察，在崎岖的盘山公路上颠簸了两个多小时。而乡政府的车比较破旧，轮胎已经磨损得很厉害，终于耐不住公路的坎坷，前胎爆炸了，车子险些冲出盘山公路的护栏，掉下山去。这段经历让胡伟民联想到2004年一位科技特派员在下乡的过程中遭遇车祸而不幸身亡的意外事故。他不得不庆幸自己保住了一命。

虽然条件艰苦，但是这个生死经历并没有给胡伟民带来什么阴影魔障，他依旧坚持在科技特派员的第一线上。

在做科技特派员期间，和农民沟通也与平时和学生、同事打交道不同，别有一番味道。

在农民眼中大学教授的身份虽然令人尊敬，但也会让人感到疏远。得益于自己曾经的基层工作经验，胡伟民在和农民沟通时，有一套非常有效的方法。每次下乡，他都用最亲切的方法和农民打招呼、聊聊家常，再慢慢聊到最近在生产上的问题。而聊到耕作与生产时，他就开门见山，直来直去，直接指出农民们需要改进的地方，面对自己不能解决的问题，他也直接承认自己不懂这方面的知识，待回到学校帮助他们查阅知识或者向自己的同事寻求帮助。这种方法让大家都感到亲切。而面对一些固执的、坚持老底子做法的农民，胡伟民也有自己的方法。他会自己亲力亲为，比如一次他想让一位农民改进果树剪枝的工艺却遭到了对方的拒绝，他就自己上，亲自为他示范了他推荐的剪枝方法，让农民亲眼看到他的做法能够给自己的作物带来的利好，也成功说服了农民。

虽然还有繁重的教学、科研压力，但是胡伟民一直在尽心尽力地从事着农业推广相关工作，无论是作为一名科技特派员，还是市校合作项目的首席专家。正如他所说，这是蛮有味道的一项工作，“这么多年，自己对农业生产从开始熟悉到比较熟悉，也许到退休的时候自己能够对农业生产非常熟悉，这些都是农业推广这项工作给我带来的学习机会啊”。

采访手记

胡老师给我的第一印象是一个说话非常生动的人，比如他在讲他在温州文成县惊魂一刻的时候，他指着地图，绘声绘色地给我描述着当时的场景。讲到和自己合作的企业现在发展的规模时，他也流露出非常自豪的神情。而这种生动一方面来自于他本身就是一个非常有趣的人，这让我感到能够听胡老师教诲的学生一定是非常幸福的，另一方面则来自于他对于农业推广这项工作的热爱。

在胡老师的话语中，他没有一味地称赞农业推广工作是一项多么崇高的工作，我觉得有以下这些原因。首先是他认为这是一项本职工作，作为一名农学家，他如果不推广自己的成果，不去服务三农，那么他的研究也就没有什么意义。然后是这些工作现在还有很大的进步空间，特别是他说现在市校合作项目进展到了第二阶段，但是他觉得在第二阶段之后还会有更先进的第三阶段、第四阶段等等，这些都有待他继续去探索。最后，他能够从这项工作中得到收获，不断地学习充实自己，以及看到自己科研成果的落地，也让他非常满足。

胡老师在采访的最后说：“也许到退休的时候自己能够对农业生产非常熟悉”。这句话透露出的含义，是他会继续从事这项工作直到退休，这也是让我非常感动的一点，祝福他今后的工作更加顺利。

（学生记者　林思远）

第五章

走访农间播撒心血，造福当地果香满园

——记湖州市水果产业联盟首席专家、浙江大学贾惠娟研究员

人物名片

贾惠娟，女，浙江大学农业技术推广中心研究员，主要从事桃、葡萄等水果育种及栽培等方面的教学研究工作。现任浙江大学湖州市水果产业联盟专家组组长。多次获浙江大学湖州市市校合作先进个人。

人物感言

把农业推广做好、做扎实，已经潜移默化地成了我必负的责任。其中的过程虽然辛苦，但是农民的认可和取得的丰硕成果所带给我的欣慰和满足足以消除这份辛苦。干一行就要专一行，把农业推广工作继续一丝不苟地做下去，把实验室里的科研成果转化为真正的生产力，这份责任我会继续担当下去。

“喂，张师傅，我是浙江大学的贾老师啊，今天果园里受灾的葡萄……”窗外，是刚被台风席卷过的灰蒙蒙的天；在办公室里，沉闷的空气中混杂着贾惠娟老师的声音。星期天，对于搞农业的贾惠娟来说并没有什么概念，一大早，她便来到了办公室，关切地向农民们询问由于台风“灿鸿”过境所造成的果树受灾情况，“农民们这一年的辛苦可能就要付诸东流了，更有可能是好几年的心血都这么没了！”说到这儿，贾惠娟有些忧心，随即又拨通了一个电话，“喂”……

就是这么一位为了果树，对农推工作一丝不苟、认真严谨的好老师，愿意藏起自己的博士光环，走入农间，手把手地教农民果树的培育和种植；自主结合科研成果和农间实际情况，使农推工作真正“接地气”；给农民排忧解难、引导他们改变传统种植理念，向着更加科学、良性的方向循环发展……眼前这个忙碌而操心的贾惠娟，不仅是农民眼中的“摇钱树”，更是他们心中爱戴、敬仰的接地气的“真”博士。

贾博士是个“真”博士

2002 年从日本读博归来，贾惠娟进入浙江大学工作，满肚子墨水里饱含了桃、葡萄、李等果树全面而精深的学问。而这也就不难解释她身兼数职，且多年来一直从事相关果树培训、指导工作的原因了。如今的贾惠娟既担任了南太湖农业技术推广分中心的首席专家，又是浙江省果品产业技术创新与推广服务团队专家兼桃组组长。她给自己的肩上挑了不少担子，但她在果树培育方面所拥有的丰富经验和扎实的专业知识也使其赢得了包括农民在内的很多人的爱戴和赞誉。

几年前，贾惠娟和其他老师一起下乡去指导当地的葡萄种植。在长兴，贾惠娟通过几天的走访发现，当地的葡萄栽培水平还很低，且种植面积较小，不成体系。望着果园里的葡萄，贾惠娟对农民们说："你们的葡萄藤稔种得太密了，修剪的模式也不够好，修得太低了，应该再高一些。"农民们闻过而喜，并按照贾惠娟的指导做了些调整。一年后，农民们果园里的葡萄增产增量，他们开心地说道："贾博士说得有道理啊，这个博士和只会在实验室里搞研究的博士不一样，她说到点子上了，教咱们的葡萄修剪方法是正确的，这个贾博士不假，是个真博士！"当地的农民们个个都对贾老师竖起了大拇指，其"葡萄专家"的名声也不胫而走。

"虽然我的主要研究方向是桃，但是日本丰富的学习体系也使我了解了许多关于葡萄种植的知识经验，动手实践操作的机会也很多，看得多、做得多，自然对葡萄的研究和了解也不少。"这一次偶然的下乡考察走访使得贾惠娟逐渐开始了葡萄方面的指导，而贾惠娟卓有成效的指导也给当地的农民们带来了不少福利。单单是长兴县，葡萄的种植就在几年内从几千亩发展到几万亩，贾惠娟也被评为当年湖州产学研的"突出贡献人物"。长兴县的领导曾评价道："我们县葡萄产业发展有贾老师的贡献。"正是因为葡萄产业的发展，当地的经济也被进一步带动而有了飞跃式的发展，贾惠娟这个"真博士"则是这一飞跃发展的得力推动者。

小小的葡萄吃起来只是一口的功夫，然而从定种到成熟，却要经过包括花果、枝条、土壤和病虫害防治等一系列的管理。针对不同的方面，贾惠娟从修花穗、疏果到喷洒除草剂、使用无核技术等方面为农民（尤其是刚开始种植葡萄的农户）提供了许多建议和指导。面对农户经常询问的种植什么品种葡萄较好的问题，贾惠娟根据葡萄的现实需要和销售渠道来定种：走高端路线，用来装礼盒的不仅要强调葡萄的口味，还要考虑色泽；运向大众化批发市场的则要物美价廉；而供游客们采摘的需摘取简易，不易碰坏……因用定品、品种搭配、因地制宜，根据这些原则并融合贾惠娟专业的指导种植出来的葡萄往往收获颇丰，销路良好。

“1+1+N”下的接地气

“我讲课太多次了，可以邀请其他的老师和专家们来讲一讲，或许会有更独到的观点，也可以让农民们换换口味。”“贾老师，你的课讲得好，农民们喜欢听你讲课！”面对贾惠娟的推让，负责联系农业培训的人员热情而急切地回答道。

“理论结合实际，专业而接地气”，“不保守、毫无保留地传授自己的经验”，“准备充分、跟踪指导，特别负责”……这些简单的评语已经不足以概括农民们心目中贾老师的认真形象了。

贾惠娟的果树培训深得大家的喜爱与欢迎，而谈到自己的事先准备，贾惠娟坦言：“每次给农民们培训之前，我一定会在培训前的一到两天到达当地，走访当地的果园，观察和研究当地桃树和葡萄种植中所存在的问题，之后结合我的专业知识制作成幻灯片，再进一步指导农民们如何解决现今存在的问题，把当地的这种产业做得更好。”这样专业、充分且又符合实地情况的准备过程自然贴近农民的实际需要，也是大家喜欢贾惠娟讲课，觉得她的课讲得有道理、有效果的原因之一。

而在细致地考察研究过后，贾惠娟常常还对当地的果树种植进行跟踪性的指导。平时以电话的方式进行相互间的联系，对农民的种植提出一些意见和建议。在学校工作的贾惠娟同时还要兼顾跟踪性的工作，“毕竟天气对于果树培育的影响是不容忽视的。农民靠天吃饭，一旦疏忽了，农民们的损失会很大”，浓厚的责任感和令人敬佩的严谨态度使得贾惠娟时时关注乡下的农推工作，说是“一丝不苟”一点也不夸张。

这些年来，学校大胆创新，实行了有效的“1＋1＋N”农业推广模式，即 1 个高校农业科研平台的省级专家对应 1 个当地农业技术指导推广点的专家，并以此辐射，使 N 个农户、企业、果园等受益，打破了国内很长时间以来农业推广所存在的“线断、网破、人散”的尴尬局面。农技推广体系不完善，高素质人才极度匮乏，而作为这一模式下首要的“1”，贾惠娟也对该模式进行了高度的评价。“这样一种农推模式有很多的优点。因为我们的科研成果多是实验室中的‘半成品’，而以当地的农业指导员作为我们高校的农业研究和当地农民之间的纽带，能更有效地使我们的研究成果付诸实践。既然有了这种富有推广优势的农推模式，我们就更要不遗余力地把农推工作做好。比如在指导、培训农民时，很多时候需要我们不仅仅是具备扎实的专业知识基础，更重要的是要结合实际，要以农民能够接受的方式给他们讲，且方式要接地气，内容要有针对性。有备而去的效果自然是好的。”

丰富有效的培训指导从准备一直到讲课结束，过程常常需要持续一周，而除了实地培训，每年的 3 ～ 9 月都是农民朋友向贾惠娟进行电话咨询的高峰期。“咨询的人太多了，有时候还会影响到家人的休息。”如此受欢迎的贾惠娟以自己认真负责的态度和接地气的做事方式赢得了不少农民们的信任。

从“三轮车”到“越野车”

十几年的努力和心血终在一次次的下乡培训、指导、走访和考察中获得回报，“贾老师”、“贾博士”的名声也在农民们口中越叫越响。

回忆起当年到乡下指导葡萄种植的时候，贾惠娟提到这样一个细节：“开始的时候我每次到当地的车站，村子里都会有电动三轮车来接我。到了后来，随着葡萄园面积的扩大和经济效益的提高，来接我的交通工具也逐渐换成了小面包车、小轿车，到如今已经是越野车了。”说到这里，贾惠娟的脸上浮现了微笑。

从接送贾惠娟的车子变化上，我们也足以感受到，当地的生活水平因葡萄产业发展的拉动得到了进一步的提高，农民们对贾惠娟的认可度也大大地增强。

平日里，贾惠娟常常会收到农民们的问候和他们的一些心意，两三只老母鸡、一筐土豆、一箱草鸡蛋……尽管屡屡受到贾惠娟的拒绝，但是农民们临走前总要塞些给贾惠娟，“贾老师，知道您不缺这些，但这总归是我们的一点心意……”，拗不过的贾惠娟有时最终会收下农民们送来的礼物，望着这些“心意”，贾惠娟坦言即使曾经觉得辛苦，但当时的欣慰与满足足以支撑着自己把这份工作继续做下去。

现在贾惠娟依然在农业推广的道路上辛勤工作，给予当地的农业产业耐心到位的指导。她走访农间，播撒心血；悉心指导，严谨工作；造福当地，果香满园。面对农民们的疑惑和问题，她在田间一一走访、考察，培训指导前精心准备，培训后在电话的这一头也一丝不苟地予以答复。这个能够做到理论联系实际、认真负责、无私奉献而不求回报的接地气的“真博士”和“好老师”以自身优秀的专业素养和令人敬佩的人格魅力赢得了大家的信任和爱戴，也让浙江省内一处又一处的果树行业的发展实现了质的飞跃，使当地农村的面貌发生了翻天覆地的变化。

而对未来，贾惠娟也充满信心，“‘1＋1＋N’的模式在更多优秀老师的带领下可以进行得更顺利，我也会竭尽所能去帮助农民把他们的果树培育得更好！”

采访手记

眼前的贾老师梳着齐耳的短发，淡粉色的衬衫和微微的笑容显得自然而亲切，也让刚一进门采访的我很快放松下来。整个的采访过程就像是和贾老师聊天，进行得顺利而平稳。谈到农推工作这一路上的酸甜苦辣，贾老师生动的叙述让我觉得自己更像是在听她讲故事。下乡走访的辛苦不是常人可以想象的，更何况是对于一个女教师，贾老师眼角的皱纹和偶见的白发亦足以证明。但是说到农民们对她的喜爱与欢迎，贾老师则一直保持着欣慰与满足的笑容。谈到自己这一路来的心得体会，从贾老师的脸上我看到更多的是坚定。“做事就要从一而终、干一行专一行，做农业推广现在已经更多地成了我的一份责任，而以后我也会继续把这份工作做好！”

（薛梦馨）

— 第六章 —

让生态农业的车轮走起来

——记廖敏研究员象山农业技术推广工作

人物名片

廖敏，浙江大学农业技术推广中心研究员，浙江大学农业技术推广中心象山分中心副主任，宁波市农业废弃物生态处理与综合开发团队特派员首席科学家。

人物感言

我希望竭我所学，尽我所能，让农民富起来，让农村环境好起来，让生态农业、循环农业的车轮走起来。

T恤、短裤和一双凉鞋，在廖敏朴实的外表下，却是农业技术推广人员对科技富农的一片赤诚之心。棕褐色皮肤、泛白的短发和粗糙的手掌，还有那一双深邃而温和的眼睛，拉近了他与大家的距离。走到一线，走近农民，廖敏将专业素养与利民之心结合在一起，是个地地道道的大学教授，也是个勤勤恳恳的农民和兢兢业业的农业推广技术人员。

2015年，象山县成功申请成为省级生态循环农业示范县。这一年也是廖敏作为浙江大学农业技术推广中心特派员来到象山的第二年。以浙江大学农业技术推广中心象山分中心为依托，廖敏化身为象山通向可持续发展农业的一扇窗，源源不断地将新的技术和新兴理念输送给象山，为解决象山技术难题、突发性生产难题出谋划策。

这几年，象山农业产量提高，污染减少，资源利用率提高，通过“政府引导、市场运作、龙头带动、农户参与”的方式，先后培育了一批清洁生产型、种养结合型、废物利用型的生产主体，形成了“种养结合”、“农牧渔结合”等七大生态高效循环农业模式。

指明方向更重要

技术推广的终端环节就是走进田间地头，手把手地将技术教给农耕者，为当地农业带来看得见的收益。针对生产者的不同特点，廖敏说要“对症下药”。个体户生产分散，理论知识缺乏，传统的室内教学不能满足每个家庭的具体需求。于是，廖敏决定走进农家，和农耕者们一起走到田间地头，现场剖析种植过程中可能遇到的问题，比如：如何有效利用土地、时节，如何有效施肥，如何利用农业配套技术，等等。根据不同家庭农作物的种类，如水产、畜牧，针对遇到的不同问题进行点对点的讲解。

刚开始，当地人以为只是走形式。在听说了廖敏的耐心和细致后，都纷纷赶来听他分享耕种的经验。随着越来越多的问题得到解决，使一向低调的廖敏在乡亲们眼中也成了“大红人”。“走在路上很多人和我打招呼，还会说一些感激的话。”廖敏有些不好意思地说。

虽然专业合作社的生产更集中，更易于管理，也有一定的基础技术，但是如果让他们亦步亦趋学习生产细节，效率并不高，廖敏认为，“为他们指明方向显得更为重要”。廖敏不仅为他们进行技术培训，还帮助他们制定经营方针和战略定位，为农业企业与政府搭起沟通的桥梁。

由于信息不对称，当地企业往往不知道政府的优惠政策，这给他们实现企业生态化转型带来很多困难。于是，廖敏就开始充当其中传递信息的角色，为生态企业申请政府补助，与政府合作共同经营生态农业等。此外，针对如何让合作社生产更好地与市场结合并形成市场导向型农业从而提高效率的问题，廖敏正在努力帮助合作社企业实现“订单农业”，通过互联网等渠道，让企业在生产之前就找好销路，成品即产品。“这是将农业与现代信息化科技结合的思想，也是今后的发展方向。”廖敏说。

除此之外，农技人员也是技术推广中重要的一个环节，尽管农技人员推广计划早已实施，但像投入湖泊的石子，声响大，收效小。廖敏认为农技人员才是今后农业技术推广的主力。当下分散的家庭农业让农技人员不能时刻了解到种植一线的情况，农技人员应走到田间去，走到群众中去。

他们推广的技术可能不是最高端、最前沿的，但却是最接地气、最实用的。廖敏说：“技术发展固然重要，但是把技术真正运用到实处，推广给大众才是当下更为紧迫和实际的事情。”

废物是放错了位置的宝物

象山农业除了传统种植业之外，还有畜牧养殖和海水养殖两大龙头板块。与大多数粗犷的农业发展模式情况类似，刚来到象山的廖敏看到农业生产的废弃物堆积如山，农民没有能力处理，政府想处理却不知如何下手。但他认为，这些废物都是放错了位置的宝物。

曾经，废弃物的不及时处理给当地带来了许多困扰，牲畜粪便的随意丢弃导致地表水污染，海水养殖未经处理的排放导致水体携带的病毒扩散。而如果仅仅依靠政府投资，污染后进行治理所需的成本巨大，这对于资金本不雄厚的一个小县城来说是几乎不可能的。综合考虑环境与经济等多方面因素后，廖敏认为，应该将生态农业、循环农业运用到农产品产业的每一个环节，从生产、销售到处理，回收利用，一切以生态农业为发展方向，把垃圾处理掉，产量提上来。

一是沼液膜浓缩。

牲畜养殖会产生大量粪便。以前粪便会被随意地丢弃，导致地表水的污染，环境破坏。于是廖敏有了将动物粪便作为沼气的原料，积极利用起来的构想：一部分沼气可以直接用于养殖场发电照明和供暖，另一部分可以经过厌氧发酵形成沼液，用于灌溉标准园内的蔬菜，或者作为配方肥的一大原料。这种沼液合成制作的配方肥不会对土地和地表水造成污染，同时粪便处理的问题也解决了，这样一来废物可以得到再次利用，又不会产生额外污染物。

在联系了当地一家生态企业后，廖敏将这一构想变成了现实，然而他又发现了新的麻烦。尽管污染物排放减少，运营成本却不减反增。沼液运输体积大，成本高，对于私营企业来说不易实现。尽管政府可以在短期内扶持，但终会因经济效益问题而不被人们接受，沼气处理技术的推广又遇到了瓶颈。

终于，辗转于校园和生产一线的他想到了浙江大学一项最新的研究成果——膜浓缩，即将沼液中的有效成分从液体中分离出来，达到提炼的效果。借助地方政府的政策扶持，他和当地企业一起，利用膜浓缩的方式减少沼液运输体积，降低运输成本。同时为了适应市场需求，在他的指导下，一些提供沼液配送服务的企业应运而生，促进了沼液市场。

宁波龙兴生态农业科技开发有限公司就是这一技术的直接受益者。他们响应政府号召，收集沼液，充分享受优惠政策，在沼液膜浓缩和沼液配送的过程中，获得了经济效益，同时促进了循环农业。龙兴公司的董事长韩东道说："浙江大学的老师为我们串起了循环农业的链条，通过沼液浓缩、沼液配送和沼气使用维护等社会化服务形式，提高了全县'三沼'资源化利用率，减轻了农业面源污染。"

廖敏和同事们的努力得到了县政府的认可。为了让农民更快接受以沼液为原料的有机肥，政府给予购买有机肥的农民一定补助。渐渐的，当人们意识到高质量、低污染的有机肥的益处后，沼气的再利用这一循环体系就慢慢建立了。如今许多公司加入沼气的循环行列，生态农业深入民心。

二是白对虾养殖。

白对虾养殖是象山县一大特色，但长期以来，白对虾的养殖面临很多问题。首先是对废水的处理，由于饵料的污染和微生物的滋生，养殖过白对虾的水如果直接排放会污染地表水，如果水体中有病毒，很可能会加速病毒扩散。为了避免各个养殖塘的病毒交叉污染，廖敏和同事们认为应该采取"一塘对一塘"的原则：将被污染过的水体排放到另一处蓄水池进行处理，再在第二年重新灌入养殖塘，这样不仅节约水，也避免了水体交叉污染。这一设计在运用到生产中后，白对虾的感染概率大大减少，产量也随之提高。他们现在还在构想将机械处理污水的设备变成人工湿地，通过自然方式使水体净化，"一切向自然看，向循环看"。

第一个想法实现后遇到的第二个问题是养殖白对虾的"冬闲"。冬季气温不适于白对虾的生长，白对虾在每年 11 月至第二年 4 月有近 6 个月的养殖空闲期。在这期间，养殖者面临许多困难，如土地闲置，土壤由于饵料的投放富营养化，给来年灌入水造成污染的威胁。于是廖敏和同事们想到，可以利用富营养化的土地进行植物种植，这一轮作模式能够有效吸收池塘底质的氮磷，能使塘泥氮磷含量下降 20%～30%，为泥土自净提供空间，达到改善池塘底质的目的，同时微生物作为植物的天然肥料，可提高农作物品质。这么一来，土地资源得到有效利用，同时又解决了土壤的清理问题。

充分发挥土壤微生物作用后，“冬闲”不再闲了，农作物可以有效吸收土壤养分，同时由于全程不使用任何农药，所获农产品品质好，市场供不应求，收益颇丰。

石昌家庭农场的养殖塘就尝到了循环农业的甜头，2012 年冬闲时节种植的 16 亩甜瓜亩产值 9000 元、亩效益 5000 元以上。2013 年种植了 200 亩的西红柿、茄子和花菜等有机蔬菜；同时引进“泰国国鱼”笋壳鱼等新品种混养，实现生态和综合效益双丰收。

这样一来，一亩地可以产出两块地的产值，另外也不会产生各种废弃物和污染，一举多得。

三是巧用蚯蚓。

除了沼液处理，利用蚯蚓处理秸秆与粪便也是一种有效途径。首先将废弃的菌棒、秸秆、粪便统一运输到蚯蚓养殖场，再通过微生物发酵制成蚯蚓的饲料。在蚯蚓大量繁殖后，不仅可以利用蚯蚓粪便制成有机肥，还可以通过蚯蚓自身的水解制成氨基酸叶面营养肥。目前已经开始蚯蚓养殖的是新桥镇一家企业，如今他们养殖蚯蚓面积达 500 亩，当地 4 家养猪场的粪便处理都有了着落。

但廖敏认为蚯蚓最大的附加值还是其药用价值，其分解产生的蚓激酶和小分子酶可以有效溶解血栓，加强心脑血管侧支循环。但是由于技术资金等方面限制，这个生产计划还需要搁置几年，但这个才是能给农民带来最大受益的处理途径。

一心向民，什么都要管

廖敏在深扎象山的过程中，渐渐忘记了自己的职责范围，变得“什么都要管，什么都想管”。除了完成自己的分内工作，解决农业问题，他还会“多管闲事”地为农民解决环境保护问题，例如生活污水治理，甚至帮助促进第三产业发展，为“农家乐”产业搭台。廖敏说，由于自己本身具备环境保护相关知识，他希望能将自己所学更多地发挥到改善农民生活，提升农村生活条件上去。

象山影视基地是象山第三产业发展重点，由于旅游业发达，人口众多，水资源污染严重，这给作为当地饮用水源的大塘港带来了水质污染。处理污水固然是治理水源的一种方法，但如果能提高水的自净能力，实现生态治理，不仅成本小，对环境污染也会减少。之前已有利用气泡发生装置提升水中氧气含量的先例，且气泡越小，水溶性越好。于是廖敏和同事们决定再进一步，研制出微纳米气泡发生装置。这种装置主要用于河道治理，与平常将氧气管插入水中对水体进行补养的原理类似，微纳米气泡发生装置利用更微小的气泡加大氧气溶解效率，通常一个气泡冒到水面只需要几秒，但是这种发生装置发出的气泡则需要 5 个小时，这样一来，水中氧气含量增加，水中微生物生长数量就会提升，水体可以得到自净。

将微纳米气泡发生装置投入应用后水资源状况明显改善，这不仅让当地旅游更加发达，也带动当地农产品销售。让“农民富起来，生活环境好起来”始终是廖敏最大的心愿。

在农业资源利用领域，廖敏与宁波龙兴生态农业科技开发有限公司联合申报宁波市民生领域重点科技项目，并获宁波科技局 50 万元支持。在直接与当地企业合作的同时，廖敏也促进了浙江大学与象山相关企业的合作。浙江大学提供技术，当地公司提供相关合作团队的科研经费，形成互利互赢局面，成功推动了枫康公司与浙江大学的 3 项直接合作项目，其中包括与生工食品学院相关团队合作的物联网项目（经费 135 万元），与农业生物技术学院相关团队合作的百果园项目（经费 65 万元），与药学院相关团队合作的铁皮石斛活性成分提取项目（经费 60 万元）。

技术是死的，人是活的；科技是发展的，贴近群众的心是不变的。廖敏通过他的言行将生态农业和循环农业的理念推广到象山。

当然，循环农业的理念不会止步于象山，象山将作为一个试点，一个示范，廖敏和浙江大学农业技术推广中心的老师和研究人员将会把循环农业、生态农业的理念传播得更远，实实在在提升农民生产质量、生活水平。

采访手记

每次去找他，他都在忙，哪怕是气温已经达到三十多摄氏度的酷暑。他说的第一句话永远是“辛苦你了，要喝水吗？”，身后是堆成小山包的文件。

采访时，坐在我对面，他从初到象山的什么都不熟悉，讲到实地考察，再到如何将沼液膜浓缩技术、白对虾养殖等技术推广开来，好像在同我分享一个孩子的成长，有些感慨，有点欣慰。他说话不快，也会在讲到专有名词时特意慢下来，对于个别我不了解的新兴技术还会用最简单的生活例子加以说明：养猪，养虾，养蚯蚓；好像坐在我面前的不是一个站在讲台上威风凛凛的大学教授，而更像一个朴素而睿智的田间老人。

怕我不懂，他最后还翻出之前考察和做技术推广的照片，一张一张和我讲解，“这是刚刚给你讲的沼液浓缩技术，这是养虾的水塘。”听着听着我觉得绿色循环农业离我也不远，甚至触手可及。他就是用这样的耐心和真心把高新技术和象山的农民连起来的吧。

（学生记者　沈煜）

— 第七章 —

让生态循环成为致富门道

——记浙江大学农业技术推广中心刘志强副教授

人物名片

刘志强，男，浙江大学农业技术推广中心副教授。2005 年担任科技特派员至今，曾多次被评为浙江省优秀科技特派员。2009 年获全国优秀科技特派员荣誉称号。2013 年被评为浙江省功勋科技特派员。

人物感言

作为科技工作者，围绕农村食用菌产业化，长年深入基层工作，让我看到两点：一、如今农村致富要同时具备两项关键条件，即：农业生态循环和农业综合开发。而让农民具备这两项条件与科技特派员掌握知识和运用知识的能力密切相关。二、科技特派员不仅要有服务热情，还要有主动为农民开发产品市场的强烈意识与产业化发展的长远理想。

我为自己有机会成为一名科技特派员，感到十分荣幸，我还要继续做下去！

一张书桌，一架墙的资料柜，简易的沙发床，在刘志强的办公室里，这些物件都挤在了小角落，最占地方的是不时鸣响的研究仪器。他指着沙发床说工作累的时候就睡在那，方便。

自 2005 年作为科技特派员派驻衢州江山，从事农业生物技术推广和科技服务，刘志强一做就是十几个年头。从食用菌产业入手，刘志强通过深入考察，在实践中研发出一系列新技术和配套设备，改变了当地落后而低效的手工接种模式，并不断结合实际，提出“牧草—食用菌—饲料—有机肥”的食用菌农业生态循环模式，实实在在地为农民带来了经济效益。

移动灌装提产量，香菇成了“香饽饽”

在“牧草—食用菌—饲料—有机肥”的食用菌农业生态循环模式中，最关键的一步就是食用菌的培育。

其实，在江山，食用菌的种植和生产已有较久的历史。但是囿于技术的落后、规模的局限，这些家庭作坊式的生产没有一个统一的标准。农民在自己制种的过程中为了节约生产成本，多次生产转接，导致菌菇质量一年不如一年，更别提市场竞争力了。

以接种方式来说，原先一直使用固体菌种，这样就会面临在一瓶菌种中上面的菌丝已经老化，下面的菌丝还没有长好的困境。除此之外，由于全手工的接种效率不高，一个熟练的工人一天工作 10 小时，只能接种 1000 多袋，导致不同菌袋的接种相差一定的时间，菌袋之间的质量也参差不齐。

刘志强担任了江山的科技特派员之后，就开始设想如何实现菌菇的品质化和标准化。2007 年刘志强研制了“固体菌种液体化技术”和开发液体菌种接种装置，并分别获得两项专利。这种技术用机械代替了木箱，把液体菌种与接种设备整体放入运输车内，组成“移动菌种灌装车”，为分散种植农户提供液体菌种和机械化接种，不仅电子控制，接种量准确，提高了产品质量，而且省时省力，在农村劳动力越来越紧缺的情况下，提高了生产率。

移动菌种罐装车

刘志强与移动灌接机

解决了接种技术后，接种成本明显下降了，从原先 2000 元 / 天的成本减少到 800 元 / 天。但刘志强并不满足于已有的成果，他还结合江山农村食用菌分散种植的实际，将这种机器装载在工具运输车上，运输车穿梭于乡村之间，每天的服务半径可超过 70 公里，为偏远地区的农民解决了生产技术的难题。

然而市场的改变却比想象中来得快。2013 年 2 月，在销售市场旺季，江山农民却没有迎来菌菇产业的春天。劳动力成本的提高，市场对工厂化菌菇的偏爱，使得农民个体经营或小企业经营的手工菌菇少有人问津。市场效益不好，手工种植食用菌的江山农民面临了巨大的生存困境，时间久了不少农户都有了放弃种植食用菌的想法。

这时候，刘志强意识到技术先进不一定就真的能解决农民的困难，如果技术不能让农民赚钱，对农民来说谈何价值。也是在这时，刘志强开始真正思考科技特派员的意义：科技特派员的作用不是一味地输出，而是互动，应该发现农民实际收入需求和现实问题，并运用自己的技术和资源帮助他们。

为了让农户的辛苦成果卖得出、卖得好，刘志强又马不停蹄地做起了新尝试。一、联系国内外的厂商，将菌菇深加工后外销。二、建立畜牧养殖和食用菌种植的结合关系，实现食用菌的高效农业生态循环。

农户羊年发“羊”财，生态养殖帮大忙

“生态循环养羊是一条致富的好门道。”家住江山市上余镇上余村的余小龙告诉记者，在浙大专家的帮助下，他的隆鑫家庭农场按照生态循环经济模式养殖，所养的羊营养丰富、口感也好。

他所称道的浙大专家就是刘志强老师。全市开展生猪养殖污染整改后，他关掉猪场，拆除了1700多平方米的猪舍，投资100多万元从外地购进240头湖羊进行自繁自养。养羊怎么解决饲料问题？如何避免走养殖污染的老路？余小龙发愁之际找到了派驻在江山市上余镇的省级科技特派员刘志强老师，请教生态养羊的技术。

刘志强给余小龙支了两招。第一招，解决饲料问题，余小龙用种植的菌草喂养湖羊，再搭配一些农作物秸秆、酒糟等土饲料来降低养殖成本。第二招，做到生态养殖，在刘志强的帮助下，对羊圈进行了改建，湖羊都被圈养在离地面30多厘米高的羊栏里，羊粪则落在栏架下方。这样一来羊群将在改造后的“木地板”上吃菌草；羊粪和尿液则排入沼气池，又可以

成为有机肥，从而用于继续种植菌草、蔬菜等青饲料。

科技养羊的这套本领一掌握，余小龙在羊年发起了“羊”财，羊的市场空间大，每头羊平均毛收入能达到 1500 元。

高产菌草当饲料，喂羊种菇两不落

能实现生态养殖，菌草可称得上是大功臣。而说到和菌草的缘分，还得追溯到 2009 年刘志强参加的第十八届国际菌草技术培训班。在培训班上刘志强了解了一种俗称“象草”的植物。这种从福建引入的菌草当年成熟，最高可以长到 6 米高，一年可割 3 次，改变了原先金针菇种植依赖外地购买的高成本棉籽壳的窘境，一下子把饲料的储量翻了三番。

刘志强说：“菌草是一种很容易生长的植物，只要有一块地，插下种苗，就会生长，江山亩产干草可达 4 吨，不需要特别养护，可连续生长 7 年。将这种草加工后做金针菇培养基的主料，生长的金针菇非常壮、白，口感好，产量高。而且用过的栽培料还可以回收加工做养羊的饲料，羊还很爱吃，又环保又经济。”

2009 年在永兴坞村的江山根根生物开发有限公司，刘老师用村里的地引种了 4 亩菌草，当年就有了效益。现在种植已经推广到邻近的常山县。有个养羊的农户，一开始父亲反对儿子种植这种没见过的“草”，刘志强和农户儿子就把它种在了山坡上，没想到长势反而比田地里的菌草好，草高了就割，割完了继续长，家里就再也没有愁过养殖饲料的问题。

小小竹鼠全身宝，农民致富添新路

“咯吱咯吱”，在四块地砖隔成的一个个宿舍里，传来了竹鼠的声音。一对竹鼠小夫妻住一个单间，在刘志强的引进下，这些小家伙在江山安家落户了。

你可别小瞧了这些小萌物，正是它们给江山的农民带来了增收致富的希望。

这一切还得从2013年说起。

在江山8年，刘志强意识到作为一个科技特派员，他可以不断改进技术，但是农村留守家庭劳动力下降且严重不足、逐渐缺少获得经济来源能力的问题要如何解决，却不是那么容易。

“看见农民一年的收成只有几百块钱，我心里真不是滋味。对于我们来说，几百块钱一两个星期就花光了，那农民他们花光后还能花什么呢？”他下定决心要为农民找到新的致富门路。

这时一种叫作“竹鼠”的小家伙跳入刘志强的脑海里。别看竹鼠个头小，它的皮毛是制裘衣的上等原料，胡须可以做高档毛笔，鼠肉是肉质鲜美的佳肴，鼠胆和牙齿也可入药，称得上全身都是宝。除此之外，竹鼠出栏数量也惊人，每对竹鼠一年可以育仔3次，每次抚育3到4只幼仔，幼仔一个月后分家立户。刘志强心想，若是把竹鼠引入养殖，以后的市场一定很好。

毕竟外来引进的竹鼠对于农户来说是个新尝试，养殖的难度到底大不大呢?

刘志强在考察后发现竹鼠完全适合农村家庭养殖，既无异味，又不受外界环境限制，关键是养殖不复杂，适合粗放型管理，只需利用农村闲置的房舍，每日喂给饲料即可，其粪便干燥，几天清理一次也无妨。

这让家中的老人妇女足不出户就可以赚钱，着实是一个致富好法子。一只鼠仔的养殖成本只需100元，但是成年竹鼠可以卖到400元，一户农村家庭在自己解决饲料的情况下，可养殖30～40对竹鼠，这其中的利润空间可就大了。而刘志强等人正在研究的利用饲草种菇和用种菇后的废弃物加工竹鼠饲料的科学养殖技术，又将更上一个台阶。在保留食用菌技术的同时，又可让农村留守家庭养殖60对竹鼠都不成问题，正对得上刘志强口中的“更有意义的工作，更好的致富门路”。

竹鼠养殖是从2013年开始建立示范户试点的，到2015年已经有两个基地在进行规模养殖，竹鼠数量达到了几百对。而至今依然有源源不断的农户找到刘志强学养殖，刘志强一个个手把手教过去，他希望可以用浙江大学的竹鼠科学养殖技术为农村留守家庭提供新的经济收入来源。

十年一日不言苦，四步成就生态路

从“牧草—食用菌—饲料—有机肥”的设想，到将菌草作为食用菌栽培用料，采用移动菌种罐装车来提高食用菌接种效率，菌糠回收加工成饲料以发展湖羊和竹鼠养殖，最后羊粪作为有机肥还可以卖出七八元一斤的好价格的现代食用菌生态循环产业链，可以说刘志强为江山农户铺好了整个食用菌农业生态循环的每一步。

“种草要管，饲料要管，竹鼠要管，要做好这件事，就要坚持，按要求做到位。”刘志强将这 4 个环节的技术改进再改进，把每个环节的作用发挥得淋漓尽致，既实现了资源循环利用，又可带着农户走向增产增收的致富路。

而在这背后，是农忙时在浙大校园里几乎看不到刘志强身影、在田地里才能找到他的无限热心，是每时每刻都牵挂着如何为农民解决农业技术难题的坚定决心，更是把十余年时光献给农村土地的一片丹心。

2012 年，刘志强的“食用菌农业高效生态循环模式创建及示范”课题被列入了国家级星火计划项目。刘志强本人也多次获得省优秀科技特派员荣誉。2009 年，他被评为全国优秀科技特派员。2013 年，获浙江省功勋科技特派员荣誉称号。当地想把科技特派员的成果做成专题片，也被刘志强婉拒了，“我现在还没有做好，还差得太远，不需要在镜头上看见我，镜头里应该出现的是农民，是高高的菌草和留守家庭养殖的竹鼠。”

刘志强不谈其中艰辛苦辣，他觉得十几年的科技特派员工作是他极为宝贵的人生财富：“越是在基层，越能感觉自己要掌握的东西还远远不够，这是深入实践的意义所在。”刘志强说，学生们如果有机会，也要多下基层看看。“在土地上感受了，才能知道自己要干什么，究竟怎么学，未来才能发挥所用，实现自己的人生价值。”

采访结束时，刘志强取出办公桌下压着的新设计的竹鼠包装小样，戴起眼镜将包装纸放在窗户边仔细端详，阳光打在红色的塑料封皮上反射出淡淡的光。对这新设计的包装，刘志强已经看了多遍，但怎么也看不厌，“咱们这包装不错吧，下一步还要解决竹鼠护理和竹鼠的深加工，完成产业化，这些事情不管我退没退休都还是会坚持下去，抓紧时间干，这都是解决农民生计的大问题。”

采访手记

从2014年和刘志强老师结识至今，一直听着老师讲述自己的经历。2014年年末，他还在去武义的路上，去收购一批香菇的根部，然后送到江山做竹鼠的饲料原料。2015年7月，刘志强老师告诉我，菌菇的生产效率提高了，已经可以深加工外销了，竹鼠也有了两个培养基地。与其说是采访，不如说是学习。什么是脚踏实地，什么是耕耘不止，什么是潜心学问，什么是服务社会，刘志强老师用十余年的时间告诉了他的学生。

（学生记者　凌子敏）

— 第八章 —

像创业那样做农推

——记农业部蚕桑产业岗位科学家鲁兴萌教授

人物名片

鲁兴萌，男，中共党员，浙江大学农业技术推广中心教授、博士生导师。中国蚕学会理事、生理与病理学专业委员会主任，农业部蚕病防控体系岗位科学家。曾任浙江大学农业技术推广中心主任、农业试验站站长、浙江大学湖州市现代农业产学研联盟理事会副理事长、蚕桑产业联盟专家组组长。

人物感言

当人生走到现在，名利对我来说就不再那么重要，在农推领域做更为直接的社会服务，同时带动人才的培养，才是真正让我觉得有发展空间、有成就感、可以献身的事业。

他是教授，是学者，是科学家，是农学会理事，是学校院系负责人。他是医生，是农民的朋友，是农业技术推广中心的一员。他的身份和地位令人起敬，他的研究成果令人叹服，他的故事令人津津乐道。他是鲁兴萌，是“蚕病”专家，是互联网之马的“骑手”，更是把专业带进田间地头的先行僧和拓荒者。他是个多面体，每一个面都写着他的故事和他的价值。

“神医”：蚕宝宝医生的妙手丹心

硕大的蚕匾，碧绿的桑叶，白而发青的蚕宝宝，倾耳可听的密集的咀嚼声，这大概是鲁兴萌最熟悉的场景。在他的世界里，这些可爱的生灵和人一样需要呵护，需要帮助，需要疾病的治疗和健康的维护。

鲁兴萌就是蚕宝宝的“私人医生”。“我们的工作可能比兽医还困难，蚕这种东西，不像狗、家禽，连任何明显反应都没有，往往蚕死了一大片，我们才能发现病害。”这些被动的“病人”让鲁兴萌的工作既辛苦，却又显得价值斐然。求是园里的鲁兴萌是个“高级医师”，数不清的论文、专著让他高大；而自从多了一重“农推专家”的身份后，这位“高级医生”也干起了“赤脚郎中”的营生，这个学术殿堂的专家，也真正成了农民朋友的“百宝箱”。

1997 年的农村养蚕中毒事件，鲁兴萌还记得非常清楚。那一年，湖州市密集饲养的蚕碰到了大问题：蚕宝宝们先是集体“绝食”，进而接二连三地死去，看着大片大片停止蠕动的“造丝神器”，蚕农们可是急得寝食难安——想到大量的投入成本和辛勤汗水就要付诸东流，他们的愁简直不能言表。多方求助无果后，300位农民集体向政府上书，请求帮忙解决问题。鲁兴萌在仔细查看伤亡情况后做出肯定论断：这是中毒！

在有了明确方向后，下一步的侦查变得清晰起来。出于对鲁老师的信任和肯定，专家组毫不迟疑，在当地农业局的帮助下迅速向四周铺开“人网”，开始了十分严格的调研：专家组分析了受灾地区的地形、环境，以及蚕的食用桑叶的来源等多方信息，锁定了大概的调研范围，提出了几种可能的假设，并开始了细致入微的调研和实验。

在定下大方向和大范围后，假设的筛选和实验验证变得更加重要，有专家提出的“粉尘影响”也引起了农民朋友的警觉：确实附近有一家高粉尘排放的化工厂，是不是我们的摇钱树们就死在它的手里了呢？而鲁兴萌迅速进行冷静的分析——粉尘通常落在树冠顶部，而蚕食用的桑叶通常来源于树冠的底部，即使受到影响也不会如此明显，因此粉尘一定不是罪恶的元凶。“鲁老师说得很有道理”，这一观点得到了大家的认可，也避免了调研向着偏离的方向发展。

在更换桑叶来源地、排除污染源后，果然新的蚕不再出现同样的症状。蚕农们也终于松了口气：好在损失不会继续扩大，而他们也可以抓紧时间补养新的蚕宝宝，以赶上供丝进度。看到整个过程中鲁老师的冷静、理性，看到他一针见血的专业能力，看到他细致入微的研究，看到他真心诚意的帮助，农民朋友们也都被他的“神”征服了，纷纷竖起大拇指。这个农推专家用他的实力，赢得了农民朋友的信赖，而这样的信赖，一直持续了20年。

回顾这20年，鲁兴萌和蚕农们发生的桩桩件件他都记得清清楚楚。就在2014年，鲁兴萌还在和蚕农们一起智斗“血液型脓病”。这一次蚕的集体生病可算是个灾难，海盐等多地区的蚕大面积上蔟不结茧，许多蚕农损失数千元。在鲁兴萌及其他3名专家的调查、鉴定下才确诊为“家蚕血液型脓病”，也才找到了止损的方法。“我把自己比成蚕宝宝的医生，把自己做的研究变成实际的东西，帮助农民们止损致富。”既有过硬的理论研究基础，又有过硬的实践经验。毫无疑问，更多的蚕宝宝将在他的妙手之下健康成长。

“触网”：农推事业的“互联网 +”

如果说亲身走基层是农推事业的基石，那么鲁兴萌的农推事业可不止步于“基石”二字。在这个“互联网＋”的时代，鲁兴萌的“养蚕医生”事业也乘着时代的契机“触了网”。

“一个人的影响力很小，只能影响到有限的农户，而网站可以让更多人看到信息，也可以把我们的成果展示给更多人。”出于这样的想法，鲁兴萌在 2009 年，在几个学生的共同努力和帮助下，把“鲁兴萌蚕病工作站”献给了众多蚕农朋友。尽管近些年的更新有所放缓，但四十万余人次的访问量确实让这个“小工作站”有着不小的影响力和价值。

打开界面，可以看到这个工作站界面精美，内容丰富。桑叶一样的绿色构成了网站的主色调，错落有致的内容分块让在小站里学习和获取信息显得十分便捷。蚕农朋友们既可以在“关注养蚕安全”中看到鲁老师最新研究得出的养蚕安全注意点，也可以在“重点提示与信息”中找到最新的养蚕资讯；既可以在养蚕札记中分享鲁兴萌的养蚕点滴收获，也可以获得最详尽的专家团联系方式，方便地进行蚕病的“远程诊断”。此外，网站还为各位蚕农朋友们提供了实用的常用链接、蚕桑文化介绍以及网站背后的科研支撑团队介绍，让蚕农朋友们更好地了解养蚕周边。

网站的“养蚕”模块，是蚕农最爱看的模块，每篇文章的点击量都在诉说着鲁兴萌在背后所花费的心血。在这里鲁兴萌分享的最实用的养蚕技巧和方法，也是他多年来总结的心得。其中一篇《一种轻简养蚕模式》获得一致好评，也从字里行间流露出了一个农推工作者的日常研究生涯。文章介绍了一种轻简的养蚕模式——主要从时间、布局等方面为蚕农做出了规划。这个模式的总结十分有趣：鲁兴萌在文章中谈到，近年在农村田间试验和巡诊中，他便发现在浙江省的安吉和桐乡已有诸多农户，采用了类似的技巧进行模式的改进和创新，而他所带的研究团队在桐乡的田间实验也不断印证了农民们自发总结的模式和作为专家总结的模式的默契。“群众是真正的英雄”，除了总结科技与推广之外，鲁兴萌对蚕农的智慧做出了高度评价。在他的眼里，专家不是一个“施舍人”或“带来者”，而是在和蚕农的交流中汲取灵感、共同进步的朋友，是农民兄弟的同行者。

网站的“养蚕文化”模块，使这个工作小站在桑叶蚕丝之间，多了一份文化的气息。一篇《养蚕上蔟用具的温故知新》，图文并茂地讲述了养蚕用具的发展历史。“前日，手中偶得《康熙御制耕织图》，信手翻阅，品味其水墨之韵和绘图之精美之余，为古人养蚕之技的高深和普及之法的先见而感叹。”这样的开头文雅有味道，配上古朴的图案，和对不同形状用具的细细揣摩和分析，总让人眼前浮现的农家蚕桑图，不是眉头紧锁、骨瘦如柴的生活抛弃者，而是乐在其中、充满丰收喜悦的致富能手。而蚕桑文化的传承，在一句一读之间，也流进了每一个来访者的心里。

“这些年工作忙，没能更好地运作和推广这个网站是我的遗憾。”鲁兴萌对这个网站还有太多期待，他希望这个小站能给更多的农民朋友最便捷的养蚕知识，给更多的受损蚕农最直接的救急途径，给更多的普通访客最丰富的蚕桑文化。在他的眼里，农业推广的“广”字可以用互联网来实现，而他多年的成果和心血的积淀，可以通过网络，迅速地、汩汩地流进每一个需要他的蚕农家中。

“创业”：农推中心的“创业维艰”

鲁兴萌在农推中心的身份，除了是冲锋的战士，更是背后的推手和指挥官。对于农推中心的萌芽产生，到如今的日渐丰满，鲁兴萌的回忆中既充满感慨，又充满自豪。

2010 年，农推中心刚刚开始成立。学校领导找到鲁兴萌，向他提出了个大挑战：动员 150 位专业老师到农推中心，解决资源不足、专业产生的社会影响不足的问题。“学校给农推中心在人事考核和津贴等方面提供了众多优惠，唯一的目标就是真正凝聚一批专家力量。”这可让鲁兴萌伤了脑筋：150位老师，这是多么大的工作量！事自然是好事，可从实际出发，恐怕工作没那么简单，即便是这么多的福利。“150位太多了，我只能说，我保证完成50个名额的任务。”鲁兴萌立下了“军令状”后马上投入了“游说工程”。

鲁兴萌的游说可不是一路绿灯的，仅仅为了完成“军令状”的目标，鲁老师就花了半年多的时间。从社会意义，到个人价值，鲁兴萌把参与农推工作的好处掰开揉碎讲给各位专家听，更是滔滔不绝地为各位专家讲述这将是个怎样志同道合的团队。为了吸引到更多靠谱的人，鲁兴萌使出了撒手锏——在鲁老师的推动下，学校以学院平均数为基础，将奖金直接按人头总数交给了鲁兴萌，更是提供了“全权由你自主分配”的利好。功夫不负有心人，鲁兴萌的辛苦也在半年多的考验里得到了回报。从3月接到任务，到12月为止，鲁兴萌成功地邀请了53名优秀的农业专家入驻农推中心，成为一起发现“新大陆”的冒险同行者。

在团队成型后，另一个问题摆在鲁兴萌面前：农推中心的专家们都需要花费大量时间走在基层，和农民在一起，因此明显地使科研步伐受到了影响，而这也自然而然地影响了各位专家的升职加薪。这可让鲁兴萌心里有了疙瘩：就算各位老师不提出来，他们的付出与回报不对等的现象也确实不容忽视。为了解决这个问题，在鲁兴萌的推动下，学校为农推中心特批了单列的职称和晋升机制，让农推中心的老师拥有更合理的发展渠道。在鲁兴萌眼里，职称的单列是对农推中心的老师最实在的肯定。“职称是面子，职称让农推中心的老师在专业上更有地位，不再因为下基层耽误科研时间而落后于其他老师；职称更是里子，职称带来的经济收入更是给了农推中心老师贴心的实惠。”

除了学校的认可和支持，其他众多老师的支持也是鲁兴萌等农推老师们十分在意的。在早期，很多同事对鲁兴萌持不理解甚至有些看不上的态度。而学校的一系列支持和鲁兴萌等“创始人”的宣传日渐赢得了众多老师的认可和肯定。2013 年聘岗期间，学校给了农推中心更高的认可程度。众多的优秀岗位评选结果，让其他老师们从泥水和汗水中看到了农推中心的地位，纷纷向农推中心的老师竖起大拇指。

到如今，农推中心的成果不胜枚举，不论是“1 + 1 + N”的农业推广模式，还是四倍增长的地方挂职职位数目，这让鲁兴萌充满了自豪和骄傲。这几年，鲁兴萌见证了地方政府不为挣钱、一心为民的高投入，见证了浙大品牌和社会影响在自己的努力下收到越来越多的肯定，见证了新农村的发展和农民们真正致富的道路。

鲁兴萌漫长但充实的农业推广之路显得那么特别——他会亲身站在农民中，更会用时代的工具大面积广播他的知识和服务；他自己奋战在前线，更发动和带领更多的人投入这项事业。而他的农业推广之路又显得那么普通——在他集结的队伍中，每一个人都像他一样一腔热血，每一个人都像他一样满是笑容。

采访手记

鲁老师十分看重“跨界”的思维模式和能力，在他的眼里，这个时代不再只需要一个人的专业能力，更需要跨界突破能力、资源整合能力。鲁老师似乎更像是一个创业者，不论是组建农推队伍，还是开拓新的农推渠道，他身上的“不甘”和“折腾”精神都在熠熠生辉。我想，网站的读者，受益的蚕农，中心的老师，同院的同事，他们都深深地被鲁老师这样开拓新野的精神所感染。这样的他，更像反应堆，有更持续远播的能量，更孜孜以求的品格。这个“淹没”在办公室专业书籍和成叠资料中的农业专家身上，还有太多值得学习和敬仰的光辉。

（许冬晴）

— 第九章 —

“上天入地”做农推，创新理念益百姓

——记浙江大学农业技术推广中心毛碧增研究员

人物名片

毛碧增，女，中共党员，浙江大学农业技术推广中心研究员。浙江大学湖州市蔬菜产业联盟成员，南浔区蔬菜产业首席专家。曾挂职担任湖州市南浔区人民政府区长助理。多次被评为市校合作先进个人。

人物感言

下基层挂职原本是带着服务理念去的，想将农业发展的现实问题带回高校实验室，再把科研成果贡献给农民群众。社会效益步步显现的同时是对自身和团队科研模式的肯定。一来二去，还和基地的农民朋友成了自家人。我收获了许多金钱所不能衡量的东西。

“我们搞科研的老师很希望把自己的科研成果真正推广到基层，让当地老百姓受益。”浙江大学农业技术推广中心的毛碧增在2010年“湖州模式”新农村建设的年会上这样说。

在挂职湖州市南浔区人民政府区长助理和担任湖州市南浔区新型产学研联盟“1＋1＋N”专家期间，毛碧增着重协助开展新农村建设，及时转化新品种、新技术，受到当地政府和百姓的好评。脱毒健康优质种苗培育及配套高效栽培技术已应用于我省的马铃薯、芋艿、果蔗、花卉、中药材等特色经济作物的良种繁育和种苗提纯复壮，增产增效显著，应用前景广阔，真正做到了“上天入地”做农推，创新理念益百姓。

挂职一年，却不止一年

作为第二批浙江大学高层次人才支持湖州新农村建设的11名挂职干部之一，毛碧增于2008年10月28日到湖州市南浔区报到，担任了南浔区人民政府区长助理。期间积极参加调研工作，推动深化校市合作，着重协助开展新农村建设。

毛碧增去南浔之前，浙江大学本就有市校合作大框架。在湖州市与浙江大学合作共建省级新农村实验示范区、南浔区与浙大动科院开展区院合作的基础上，针对农村土地流转、急需种植业转型升级的现状，毛碧增和当地领导、学校老师在南浔通过“推老启新”，进一步完善农业合作平台的工作机制。所谓“推老启新”就是对合作的老项目进行跟踪和巩固，并且因地制宜启用新项目和新课题。通过“推老”引资、引技术，为浙大科学研究成果提供试验的“沃土”；本着“启新”，毛碧增把一大批相关专业的老师请到南浔，不断进行框架性研讨和新项目启动。

湖州众旺禽业有限公司与浙江大学动科院合作，引进了樱桃谷肉鸭旱养技术，并推广到了旗下的合作养殖户，为改善农村面源污染发挥了积极作用；湖州绿之源生态农业开发有限公司与浙江大学农学院合作，引进了草莓、甜瓜等优新品种，建起了300多亩的设施瓜果蔬菜基地；浙江未来高新农业科技开发有限公司与浙江大学合作，引进葡萄新品种56个，推广应用大棚及滴灌等种植新技术，其生产的“青藤”牌葡萄获得了国家绿色食品认证，在参加全省新农村建设年会时受到了时任浙江省副省长茅临生等领导的充分肯定。在湖州首届葡萄节上，两个葡萄园区提供的葡萄获得金奖，要知道全市一共也才5个金奖……

一年挂职结束，毛碧增如期回到了浙大，回到了她的实验室，但她与湖州的联系远没有被割断。采访期间有同事告诉她，带来了南浔某基地的脱毒草莓苗，让她有空去看看。“对，我现在还一直协助我们南浔农业基地建设，时不时给他们找问题、提建议。”因挂职与南浔结下了深情厚谊，她说去南浔基地是她最开心、最乐意的事。刚回来的头一年，有个基地她去了52次，几乎每周一次。她在湖州的辛勤付出得到了当地政府和学校的高度认可，获得了湖州市农业产业优秀科技工作者、湖州市“南太湖特聘专家”以及浙江大学—湖州美丽乡村建设示范区先进个人等荣誉称号。2011年，毛碧增受聘农业产学研联盟中现代农业十大主导产业联盟——蔬菜产业联盟的首席专家，通过这个农技推广合作平台，继续为农户提供面对面、实打实的技术培训，传授最新的农业技术，传输农产品市场信息。因为此时，毛碧增已经对服务基层有了更加深入的认识：不能为做项目而做项目，切实为农民提供长期和优质的服务才是有价值和意义的。

坐落在荻港的渔达果蔬专业合作社便是很好的例子，之前是一片桑园地，囿于农户们技术知识的缺乏和农业思维的限制，经济效益不高。而在毛碧增的技术指导下，短短两个月内，基地便种起了原本“娇贵”的草莓，成为荻港农业观光游极其重要的一环，经济效益和社会效益双丰收。

“上天入地”两不误才能双赢

毛碧增到南浔挂职之前，刚从德国进修学习回来。被问到为什么愿意担任挂职工作，她说：“上天了之后还得入地呀，不能在空中这么浮着脚却不挨着地，这样的科研成果没什么实用性，农学专业的本质是要服务“三农”，要把科研成果写在大地上。”

在德国的那段时间，毛碧增一直感叹德国农业技术之先进。二十多年来，从事农学专业的她无时无刻不在学习和提高专业技术。脱毒健康种苗繁育是毛碧增和她的团队自 1994 年以来一直持之以恒研究的内容，如今已是一项非常成熟并广泛应用的技术。

草莓主要依靠匍匐茎繁衍种苗，一旦母株感染病毒，就会通过匍匐茎将病毒传染给下一代，长此以往，种苗中病毒积累会越来越多，最终导致草莓植株矮小、果实品质变劣和产量下降，严重影响农民的收入。为了解决这个生产上的问题，毛碧增在实验室发明了草莓脱病毒法并获得了国家发明专利。这项技术是否能够真正收获成效，在优质种子种苗培育方面脱颖而出，光在实验室看不出个所以然。技术需要试验田，南浔区的农业基地恰好为毛碧增的理论研究提供了一片“沃土”。脱毒种苗技术在农业试验基地不断成熟而完善，是技术理论与实践的完美结合，其产生的效益之大也是在实验室里无法估量的。

除了在实验室脚踏实地地研究理论，实地的经验借鉴同样必不可少。南浔挂职期间，头两个月毛碧增一直践行“四请教”理念——请教政府，请教往年挂职干部，请教基层干部，请教服务对象。她积极参加区里领导干部会议，深刻领会中央经济工作会议精神，正确理解“结构性减税”、“货币政策反周期调节”和“最终消费需求和中间需求”等概念，深刻理会“保增长，扩内需，调结构”的重要性。通过学习加强对新农村建设必要性、紧迫性以及重要性的理解，拓宽知识面，提高理论素养，为下一步的工作打下坚实的理论基础。

2009 年 3 月，结合区委开展的学习实践科学发展观活动，毛碧增随分管领导到善琏镇进行蹲点调研，通过座谈会、走访农户以及深入企业，初步了解了农村的现状、发展的动力及困难，特别是土地流转后产业结构的调整。由此，毛碧增认为，学校可以结合当地政府开展一系列形式的合作和试点创新工作。

在明确工作思路、确定工作内容之后，在挂职期间毛碧增积极宣传学校的新品种、新技术，将理论与实践进行无缝对接、及时对接，加速科技成果的转化。截至挂职工作结束，已经完成到区农办、农林局、科技局，以及全区 9 镇和开发区的农业园区、龙头企业、农业合作社等的调研工作，更加深入掌握了各合作项目的进展、存在问题及新项目合作的切入点，并对各单位急需解决的各类问题进行总结归类，积极与学校老师进行联络，寻找技术等支撑。除此之外，毛碧增还在总结了企业缺人才、缺技术以及获得信息不及时等情况的基础上，提出了以项目为“抓手”，以人才为“保障”，“带出去”、“请进来”的工作思路，推动浙大的老师与企业“一帮一”服务，在南浔建立学校科研、教学基地、研究生实习基地等。

创新理念，一直走在路上

毛碧增的研究方向是种子种苗与设施农业、植物病理与应用分子生物学，她在草莓育种栽培研究方面一干就是 20 多年。脱毒健康优质繁殖、草莓抗病促生专用生物制剂应用等是她一直以来的研究内容。她没有就此停下，她一直走在创新理念的路上。

起初，在优质草莓育种技术刚有起色且准备大面积推广的那几年，毛碧增走了很多弯路。那时候，一心想着只要技术能够被试验和推广，免费送给农户也无所谓。没想到的是，农户因为新技术是免费送给自己用的，不免怀着一种不珍惜、不重视的心态。新技术在推广初期遇到了不少的困难。之后受到专业导师的启发，毛碧增以项目合作的方式，让农户出钱“购买”技术，对在项目实施过程中严格按照要求执行的农户，以补贴奖励的方式将钱返还给农户。如此一来，既给草莓育种新技术以生存和完善空间，又收获良好的口碑和社会效益。

不只是推广理念的创新，草莓研究技术也在不断求新求变。从源头的种苗培育研究，到基质栽培、立架栽培等栽培方式的改进，病虫害的绿色防控与治理，再到品牌的创建及文化的宣传……种种问题一环扣一环，无法忽视，无法逃避。她说：“做研究就是这样，在时间的检验之下，一个问题的出现会引发一系列的问题，一发而不可收。”看起来像是一句玩笑话，实则是毛碧增前 20 年已经践行甚至是后 20 年将一直践行的研究准则——不断地发现问题，解决问题。

创新理念本属不易，推广阶段与农户的沟通交流更是不易。与农民思维方式的不同导致双方在互相理解上困难不小。例如，在草莓即将成熟之际，为保证优质草莓的品质，毛碧增极力劝诫农民用黄板等防治虫害而不是打农药，但农民不听。又如，农民们嫌兔粪、羊粪这样的有机肥价格太高，一定要在草莓栽培过程中使用化肥，导致草莓品质下降严重。每当遇到这种情况，毛碧增和同事们绝不退让，“新技术推广不易，但一定要坚持。关键是你的好技术能否给农民带来好产量、好效益。你只要为农民着想，大家最终会感谢你的。我们的基地对我们的技术是百分百执行的，所以我们的草莓你吃了还想吃，今年吃了会惦记一年。”说完，她哈哈大笑，满脸是陶醉的神情，

毛碧增在南浔区农业基地指导草莓栽培技术

她把草莓当作了她的“小儿子”。

目前，在毛碧增的技术指导下，南浔区农业基地的草莓在形状和质量方面逐渐实现了标准化，销售方式也向国外先进理念看齐——一个草莓一个坑，论个或盒卖而不是论斤卖。优质的生产方式和优质的销售方式结合，经济效益大大提升，农民笑开了颜。毛碧增和她的团队还在着手攻克技术难题，力求每个花序长的草莓个数也能够标准化。另外，在创建自主品牌和自主品种方面，其研发白草莓的课题也在如火如荼地进行之中。

在总结自己的挂职工作时，毛碧增说道：“挂职工作是有时限的，但为市校合作项目服务是无期限的。”而毛碧增也愿意成为一个“取经人”、“宣传员”、“联络员”和“推销员”，将学校的新品种、新技术和农业生产实践紧密对接，推动科技成果的转化。

采访手记

与毛老师不过几面之交，她对工作的热情和上心却给我留下了深刻的印象。南浔区蔬菜联盟的特色经济作物的良种繁育和种苗提纯复壮技术不断精进，增产增效显著，应用前景广阔。不仅如此，毛碧增老师与南浔区农业基地的农民们建立了深厚的合作友谊和如自家人般的情谊。“我们南浔”时不时从她嘴里蹦出。

我走的时候，已是夜间灯火通明之时，而她又朝着实验室方向走去。

（学生记者：金韵怡　凌子敏）

—— 第十章 ——

笃学不倦，创新利农

——记浙江大学科技特派员、农业技术推广中心沈建福研究员

人物名片

沈建福，男，浙江大学农业技术推广中心研究员，主要研究方向是粮油加工与食品安全。2005 年至今担任浙江省科技特派员并驻常山县芳村镇，2012 年任浙江大学湖州市粮油产业联盟成员。多次获浙江省优秀科技特派员荣誉称号。2013 年被评为浙江省突出贡献科技特派员。

人物感言

十几年如一日的摸索中，我感悟最深的便是处理好 3 个关系：一为理论与实际的关系，技术人员要将学到的理论和技术带到实际中应用，对推广地区的情况要充分了解，比如当地主要种哪些农产品，这些农产品生产、加工时有些什么问题需要我们技术人员去解决。二为服务与效益的关系，我们给农民提供的是技术、培训、信息资讯等服务，服务一定要产生效益，给农民带来效益，带领农民脱贫致富，这个目的要清晰。不管我们怎样辛苦，都要从这个目的出发来做事。三为学习和应用的关系，我们作为技术人员掌握的是其中一个方面的技术，但是你服务的农户或者合作社需要的可能更多，必须边学边用。比如我是搞粮油加工的，我所派驻的常山县芳村镇是油茶之乡，山茶油的压榨、精炼技术是我的强项，但他们不光需要加工技术，还要种植技术，这些我就不懂了，必须向别的技术人员学习，自己学好了再到实际中推广应用。

从 2005 年担任科技特派员开始，沈建福坚持深入“三农”第一线，将科学研究的成果转化为企业发展、农民增收的基石。在农业技术推广的过程中，他认为最注重的应该是推广实践，在实践中把一些技术适应性地推广，并且牢记农推的目的是农业增效、农民增收。

循序渐进做示范

2005 年，听闻学校要派一批科技人员下乡解决“三农问题”，沈建福便积极报名参加，“当时没什么特别的想法，就觉得，理论总归得与实践结合，我掌握着技术，就应该切切实实帮助企业和农户解决些问题。”带着这一初衷，沈建福作为省第三批科技特派员到衢州市常山县芳村镇挂职。从小生活在城市的他没有被农村的艰苦难倒，反而对这一片土地充满了莫名的亲切感。

当时，芳村镇是浙江省欠发达乡镇之一，全镇有24个行政村和一个居委会，90%以上是山地，主要经济收入来源是矿山石煤和油茶种植。这些油茶树大多是20世纪60年代种的，树龄大，油茶果产量不高，每亩油茶树产的山茶果榨出的山茶油大概只有5到8斤，农民收入极低。沈建福了解了镇里的农业生产现状后，就寻思着引进推广新型实用的高产油茶品种。

但是，改革当地农民长期以来的生产方式并推广新品种，遇到了超乎想象的困难。农民们惧怕承担改变的风险，同时也很难接受新的事物。“怎么办？到底该怎么做呢？”沈建福苦恼的同时，坚持项目调研，并借鉴其他地区发展油茶的经验，最终采用了建设科技示范基地的法子。

芳村镇有一个年纪比较大的陈老伯，承包了20亩的油茶地。家里的年轻人都外出打工了，只有年纪大的他守在家里。一次，山林发生火灾，把他的油茶树全部烧掉了，老伯心痛得直掉眼泪。当时，沈建福正好在镇里，去探望时为老伯申请了补贴，并跟中国林业科学研究院亚热带林业研究所的科技人员一起为他种了高产的油茶树新苗。几年后，陈老伯的油茶果长势非常好，每亩的山茶油产量可以达到30斤，陈老伯高兴极了。

好些村民看到陈老伯油茶林里的丰收后都忍不住心动，再加上原有的两个行政村的580亩油茶示范基地的成果，看得到的事实让农民们转变了自身的观念。油茶低改及综合利用技术也相继推广，使当地油茶产量提高了85%以上。但即便油茶品种改良、亩产提高后，每亩地的收入还是没超过1000元，要想带领农民脱贫致富，光凭油茶这一产业远远不够。

沈建福没有放弃努力，通过不断地考察，结合当地实际，为农民们找到了新的“聚宝盆”——种甘蔗。甘蔗的种植同油茶新种的推广一样，也是循序渐进的过程，先是几亩地，后来推广到几百亩地，最后有了2000多亩的规模。种甘蔗后，村民的收入提高非常明显，一般每亩地可以达到

3000 元到 4000 元。

油茶和甘蔗两大特色产业的培育，以该镇近 5 万亩油茶和甘蔗面积计算，使全镇一年增加收入 750 万元，这相当于该镇原来一年财政收入的 4 倍，农业增效、农民增收显著。

“三个臭皮匠”的力量

沈建福的专业是粮油加工，山茶油的压榨、精炼技术是他的强项。但是农户或者合作社需要的不光是加工技术，还需要种植技术。譬如：油茶和甘蔗应该种什么样的品种？怎么种？在种的过程中什么时候施肥？对于这些栽培和种植的技术，沈建福可以说是一窍不通。那么，要使油茶和甘蔗达到丰产的效果就必须依靠其他单位的技术力量，单靠他一个特派员的力量是很难做好工作的。

因为深刻地感受到自己专业的局限性，沈建福不断地迫使自己学习。每逢中国林业科学研究院亚热带林业研究所、浙江省农科院等其他单位的专家下乡教农民怎样进行农业的标准化种植时，他就在旁边跟着学，为自己补充营养知识，“农村需要解决的问题很多，所以我自身必须提高”。

随着种植方面的问题越来越多，沈建福便想着吸收其他专业的科技人员力量，组建一支科技特派员团队。2013 年他通过浙江大学这一平台，在县科技特派员工作领导小组的支持下，联合中国林业科学研究院亚热带林业研究所任华东副研究员和曹永庆助理研究员以及浙江省林业科学研究院宋其岩副研究员组建了油茶产业特派员团队，依托团队专家力量，开展技术培训、技术服务和技术推广。团队是由沈建福一手筹建的。平时在工作中，沈建福经常与这些专家碰面，互相熟识。有了组建团队这个想法后，便打电话询问一下其他专家的意愿，由他牵头将愿意参加的名单上报。这个团队的成立过程虽然简单，但它的作用是巨大的，真正做到了集群力、做群策、为群众，通过调研、培训和技术指导等形式组织大家共同为芳村镇的油茶产业的发展进行规划、指导，从单纯技术引进转向综合服务，为现代农业的发展做出各自的贡献。

科技特派员无法做到全年待在乡下，24 小时在田间地头指导，因而镇里专门配置了一个油茶方面的本科学历的林业管理员。一般情况下，村民有问题都会找镇里的这个技术人员，林业管理员无法解决的问题才会咨询特派员，这样使得对林业管理员的培训成为重中之重。沈建福与同事经常会对林业管理员进行安全、标准化方面的重点培训，使之掌握肥料品种、施肥量、施肥时间等标准数据，让农民的播种时间、每亩地播种量、每棵树苗之间的距离，都按照标准化实施，从而增产增收。

让农民“自己发展自己”

近些年来，针对芳村镇和常山县的实际情况，通过调查研究，沈建福帮助县里成立了常山县芳村镇油茶专业合作社。合作社的成员主要是油茶大户，每个自管村一般有一到两个大户，说服大户自愿参加合作社，再由大户来吸收带动小户。农户采出的油茶籽通过合作社收购，再由合作社将这些原茶籽卖到加工厂，实现种植、收购、销售合作化及一体化。收购价格都与当地的油茶加工企业商洽好，农户便不用担心自己的销路，形成了产量增大—销量增大—效益变好的良性循环。

大户的种植面积更大，所遇到的难题也愈加棘手。沈建福和他的团队常常是手把手地指导大户，通过合作社推广新苗种植、化肥使用、采摘、嫁接、油茶低改等技术。以合作社为载体，通过引进高等院校和科研院所的科技成果，沈建福就山茶油加工和综合利用、茶皂素纯度提高及膳食营养山茶油新产品的开发等方面给予常山县的浙江常发粮油有限公司和常山县山神油茶开发有限公司技术指导，为提升油茶产业、增加油茶加工附加值起到了很好的促进作用，也为当地的农户带来了可观的经济效益。

正所谓授人以鱼不如授人以渔，为农民提供技术指导服务固然重要，但传播科技知识、提高农民素质同样不可或缺。2013 年，沈建福通过牵线搭桥，依托浙江大学和杭州市质量技术监督局标准化院的技术力量，同时聘请了浙江林学院和浙江省林业科学研究院的有关专家到芳村镇进行技术指导和技术培训，共举办了“油茶丰产低改技术”、“农产品质量安全与标准化”、“油茶高产新品种介绍”等培训班，共3期，受训农民223人次，发放技术资料250份。芳村镇有38个行政村，每个村里至少有两个人参加培训班。现今，培训班的规模一般在100多人。镇政府为这些参加的村民提供午餐，并且给每个村民发放补贴。即便如此，有些村民还是不大乐意来。“现在农村的年轻人都出来了，农村里有文化的人并不多，农业工作做起来确实是有一定的难度。给农民上培训课，更要考虑他们的接受程度，要十分有耐心”。尽管培训的进程缓慢，沈建福还是期望，能带动产生一批农村能人，让他们在“干中学，学中干”，成为具有现代农业生产经营意识的新世纪农民。他相信，这批农民的示范带动作用，肯定远比他们这些技术人员的嘴皮功夫大得多。

采访手记

沈建福老师高高的个子，鼻梁上架着一副金属框镜，学者的儒雅气浓重。初见沈老师，我就被他身上所展现的活力感染了，说话不自觉变得轻快。采访中，我也得知沈老师同时担任湖州市的粮油联盟专家。与科技特派员相比较，粮油联盟只是征集、解决粮油加工企业技术方面的需求，而湖州主要生产菜籽油，它的技术现在已经非常成熟，不需要技术员动过多的脑筋。可以说，沈老师这么多年的工作重心都放在了衢州市常山县芳村镇，他真切地爱着那一片热土，和土地上的人民心贴心。

“我对油茶非常感兴趣，我的研究生都在做这一块，我就希望把这个油茶果利用起来，给老百姓带来福利”，每每说到自己的专长，沈福建老师的脸上都会露出笑容，让我真切地感受到他对那小小油茶果的热爱。听着老师历数油茶果的益处，减肥、抗肿瘤、抗前列腺癌…连我都忍不住，想着回去就买它压榨出的产品——山茶油试试。“我们希望把油茶果中好的成分开发成产品，将油茶的价值体现出来，同时通过我们的研究，让消费者得到健康方面的益处。这个工作，我非常感兴趣，会一直做下去的。”我也真切地希望，对研究有着超乎寻常兴趣和执着的沈老师能早日实现他的夙愿，相信他的研究也会为常山县芳村镇农民的增收助力，使全省、全国各地的油茶种植户获利。

采访中让我颇为窘迫的是，因为见识的限制，好多次都得请沈老师为见识浅薄的自己解释各种“新”词，譬如“大米油”、“油茶低改”，倒像是一次“一对一”的粮油知识大科普。

（学生记者：童　敏）

— 第十一章 —

勤勤恳恳育苗，实实在在利人

——记浙江大学农业技术推广中心石伟勇教授

人物名片

石伟勇，男，浙江大学农业技术推广中心教授，浙江省土壤肥料学会常务理事兼秘书长，浙江省农学会理事，中国土壤学会理事，中国土壤学会土壤肥力与肥料专业委员会委员，中国植物营养与肥料学会理事。浙江省农业事故技术鉴定专家，浙江省测土配方施肥技术专家组副组长，浙江省农资流通协会技术顾问团成员，浙江省蔬菜产业技术创新与服务团队专家，浙江省“五水共治”技术服务团专家，浙江省科技特派员。

人物感言

提到农业推广，确实没有多想，只是觉得人一生总要为社会做点什么。怎么做好农业推广？我有三方面的思考：一、要有一颗感恩的心，党和国家培养了这么多年，你用什么来报答；二、要有一颗爱农的心，农业大国的农业需要进一步发展，农民还不富裕，我们要用心去工作、去改造、去提升；三、要有一颗事业心，不断学习，积累经验，提高自身服务能力，才能做好事业，更好地服务农村、农业和农民。

听说台风“灿鸿”要来了，石伟勇老师立刻动身去了沿海地区参加抗台救灾工作。“灿鸿”走了，石老师还没回杭州，而是在台州、绍兴一带考察当地农业受灾情况，为当地农民提供技术支持，建议在水稻被淹地区种晚稻，以保证农民这一年的收成，将损失降到最低。

他说，农民赶上自然灾害心里发慌，专家这时就要赶上去，给他们吃颗“定心丸”。从本科毕业至今几十年间，石伟勇老师大多数时间奔走在乡村，推广农业技术，发展生态农业，为广大农民做实事、增收入，也为在校大学生搭建起学校到乡土的桥梁。他作为科技特派员、首席专家却没有半点大学教授的架子，心中有的永远只有“服务”二字。

扎根社区，十年如一日

石伟勇自 2005 年开始担任苍南县马站镇渔寮乡（后改“社区”）的科技特派员，一干就是十多年。渔寮乡位于苍南县境东南部，东临大海，南接霞关镇，北壤赤溪镇，西毗马站镇，属于革命老区。这里风光秀丽，旅游资源丰富，农家乐和渔家乐项目每年吸引了大批游客。而十几年前，这里还是省级欠发达乡镇，当时这里的人均年收入只有几千块，现在已经翻了几倍了。

2005 年作为省级科技特派员的石伟勇只身来到这里，首先通过调查研究完成了《渔寮乡科技、经济发展的思考》，这篇调研报告成为渔寮乡制定“十一五”发展规划的重要依据。在他看来，围绕旅游沙滩的生态环境进行可持续发展，延长旅游产业链，是实现农业增效、农民增收的重要途径。

随后，渔寮乡海芙蓉产业开发专业合作社、金沙滩休闲渔业合作社、苍南县悦丰蔬菜专业合作社、金海岸水果种植专业合作社等专业合作社组建了起来，海芙蓉、彩色番薯、马铃薯、甜橘柚、水蜜桃、无花果等 18 个新品种被引进。石伟勇带领他的团队实施浙江省科技厅、浙江省科学技术协会（双服务项目）、温州市科技局等科技开发项目几十多个、推广新技术 20 多项；组织多种形式的科技培训，介绍新技术，培训农民，灌输新思想，促进传统农业向现代农业转变。平均每年开展培训 2 ～ 3 次，受训人数 2000 人左右，发放资料 3000 多份。

在如今的渔寮，春天的桃花节吸引了大批游客；夏天，优质水蜜桃、紫色番薯、彩色无花果新鲜上市，吸引着无数消费者的好奇眼光。络绎不绝的游客为这里增添了生机，而居民收入也增加了。石伟勇每年的三分之一时光在这里度过，这里的农民、当地干部都与他成了好朋友。石伟勇是这片土地繁荣的缔造者和见证者。

值得一提的是，石伟勇为苍南县测土配方施肥技术和耕地地力评价及海涂土壤改良等工作提供技术咨询和服务，为苍南番茄等农业产业发展提供服务，为汤记码头水产品有限公司提供科技创新和清洁生产服务等，这一切服务工作都是无偿的。

除此之外，石伟勇还担任着浙江省派驻宁海县团队科技特派员、宁波市派驻鄞州区生态循环农业团队科技特派员（首席）、浙江省派驻象山县团队科技特派员首席专家、浙江省派驻苍南县团队科技特派员首席专家，在生态循环农业和水产品加工废弃物循环利用方面取得了显著进展，在当地建立起生态示范产业，获得了驻地的认可与好评。“省级科技特派员的工作就是为地方服务，多做少做，全凭自己的一片责任心。”提到为农服务，石伟勇话语中洋溢着自豪之情。

饮水思源，产学研相结合

1982 年以来，石伟勇一直从事植物营养诊断与施肥、新型肥料研究与开发、生态环境修复、产地环境与农产品质量安全、生态循环农业等方面的教学、科研和推广工作。石伟勇说，高校个人的研究方向不同，有人“上天”，有人“入地”。而他一毕业就决定要“入地”，深入农村的田间地头搞研究、做推广，实实在在为农民提产量、增收入。

石伟勇刚开始做农业推广的时候，很多农民对生态农业不了解，也不相信，认为采用不采用石伟勇说的方法都无所谓。可石伟勇不气馁，他相信，只要产量提上去，大家自然就会认可他的工作。在湖州担任首席专家期间，他积极组织并参与了南浔、德清农业产业产学研联盟工作，即高校与地方相结合，首席专家与农业产业相结合，实现地方农业技术进步，推动湖州新农村建设。石伟勇和他的团队在湖州实现了环境友好型葡萄生产技术示范与构建、节约型苗木栽培技术的开发，成功将科研成果应用在农村。最近又在试验推广水稻减肥减药的生态健康栽培模式、纳米抗菌技术在葡萄和草莓上的应用，保障水稻、葡萄、草莓的品质安全。

石伟勇先后主持和参加了 90 多项科研课题，共发表论文 100 多篇，出版教材和著作 23 部，授权国家发明专利 18 项。多年的农村实践经历是这些丰硕成果的“源头活水”，石伟勇认为，“自身的发展是在实践中的发展，要结合生产需要，不断学习提升能力”。

除了浙江省内，石伟勇还将足迹留在了广阔的西部天地。在广西宜州，这里作为浙大西迁的旧地，农业技术并不发达，蚕病蔓延影响着当地重要的蚕桑产业的发展。石伟勇在这里实施了蚕沙治理和综合利用项目，建议并推进了宜州市桑蚕茧丝绸循环经济示范区建设，提升“东桑西移”产业发展水平。在宜州，伴随浙大校歌旋律一同响起的，还有浙大科研技术支撑下的西部繁荣发展之歌。除此之外，石伟勇在云南与云南大家果业签订了共建葡萄科技产业园合作协议；在新疆阿勒泰市与泰牧农业有限公司签订了共建生态循环农业科技产业园的协议。石伟勇说，在“一带一路”战略的引导下，浙大与西部地区的定向合作会进一步深化，建立起生态文明示范区，实现农业产业可持续发展。

石伟勇作为浙江大学环境与资源学院的教授，他的学生除了本科生和研究生，还有一些特殊团体——农民和产业领导。每年石伟勇都会在各地组织几十次农业培训班，往往在当地受到极大欢迎，门窗内外都站满了来听课的人。不同于在大学校园中向学生传授专业技能和知识，在农业培训班上，石伟勇主要针对具体的生产问题，介绍提高生产的新技术，引入农业生产的新思路，为当地农民、产业的生产状况“把脉问诊”、“开药方”。

在一次农业培训班上，长兴的一位葡萄种植大户匆匆赶来。他种了多年的葡萄，近年葡萄膨大期周边的叶子常常出现黄花叶；成熟期葡萄经常裂果，果实变软。趁着专家来讲课，他急着向专家们讨教个“药方”。石伟勇听了他的问题后从专业的观点给他分析了原因，找出了病根，农民听了后不住地点头：“收获很大，葡萄会出现营养缺乏病，我种了十几年葡萄都不知道这个病怎么来的，通过专家解答，我相信以后肯定会越种越好。”果不其然，这位种植大户回去按照石老师的方法尝试之后颇有成效。

突破传统，致力培育新观念

石伟勇一年中大部分时间都在全国各地做农业推广工作，他不仅在浙江省内提供技术指导，还和省外的农业基地有着密切的联系。他在东北哈尔滨地区有水稻生态健康栽培试验示范基地，内蒙古马铃薯生产区有化肥减量试验区，云南有高原葡萄优质生产科研基地，为当地的产业发展提供了科技指导，收到了良好的成效。他长期参与浙江省援疆、援青工作，为当地企业答疑解惑。为了能够更好地和农民交流，他往往住在当地的工作用房里，虽然舒适程度大打折扣，但是农民朋友方便了。他们一见石伟勇来了，就围过来问农业方面的问题，有时一聊就聊到深夜。2015 年元旦，石伟勇在云南做培训，本以为那天是元旦，大家都放假去了，谁知底下依旧座无虚席，令石伟勇着实感动。

那么农民和企业人员都问了些什么问题？石伟勇说，农民现在问得最多的，是如何保证农产品质量和安全的问题，其中以葡萄为主。在从前，农民普遍关心如何做到高投入、高产出，不顾环境污染与安全问题，产品也时常和市场需求脱节，最后白辛苦一场。因此这些年石伟勇回答的最多的，是如何转变思想观念，实现农业产业化，延长产业链，实现从传统农业到现代农业的过渡。他在各地鼓励当地企业延长产业链，由种植业联动加工业和旅游业，好的理念比具体的农业技术更重要。

黑枸杞，青海草原上一种常见的野生植物，它的保健功能被炒得很热，引发了盲目开采，对当地生态环境造成了一定破坏。石伟勇到达当地，为相关企业提供了技术指导，提倡大力保护资源，以实现长期效益和永续发展的目标。浙江省是全国生态循环农业示范省，浙大作为重要的高校科研基地，为浙江省衢州市申报国家区域生态循环农业示范园项目提供技术支持，从建设内容到技术路线设计等倾注了石伟勇教授的智慧和心血，园区建设获得国家立项。这样的帮助遍及省内外，为全国各地农业发展提供了不少科技理念支撑。石伟勇在将现代农业理念传播出去的同时，也扩大了浙大的影响力。

石伟勇喜欢和学生分享自己的农推经验和经历，他觉得正是老一辈教师的“传帮带”作用，引领他走上了农业技术推广之路，因而他也要发挥好“引路人”的作用。有人抱怨农推工作过于辛苦，石伟勇承认自己一年到头基本都在外面，已经不知道多少次“过家门而不入”了，然而“责任”和“热爱”始终是他坚持下去的动力。他寄希望于年轻教师能够对农推工作有一个正确的定位，发挥好引导作用。

采访手记

石老师去抗台救灾了，一周了还没有回来。当面采访约了很久最终还是未能见到石老师，多多少少有些遗憾。石老师未免太忙了吧！在电话中，老师开玩笑说了一句，“家对我来说其实是旅馆”，我才明白原来“服务”二字已经成了他的座右铭，在别人看来辛苦的农推工作，在他看来是“责任”，更是“热爱”，他在农村基层找到了科研发现的来源，也找到了科研成果的应用场地。几十年如一日，他的农业驻地果树已经硕果累累，他的坚守也取得了一个又一个显著成就。虽未见其人，我却已经对其精神感到钦佩。

（学生记者　张　颖）

第十二章

脚踏实地做茶人

——记浙江省科技特派员、浙江大学农业技术推广中心汤一副教授

人物名片

汤一，男，浙江大学农业技术推广中心副教授，主要研究方向为制茶工程与品质鉴定、茶产业经济与文化。先后担任浙江省科技特派员派驻龙泉市兰巨乡、龙泉市茶叶产业首席专家。浙江大学湖州市茶叶产业联盟成员。2015 年被聘为云南景东彝族自治县茶产业首席专家。多次获浙江省优秀科技特派员称号，两次获得龙泉市科技突出贡献奖等。

人物感言

很多人找我去帮他们看看茶厂，提提意见，我一般都会去，我觉得这是义不容辞的，被别人需要是很幸福的一种感觉。

做农推工作的目的很简单，就是要切实为个体农户和基层企业带去好处，一旦投入其中，辛苦是难以避免的，但是其中的快乐也是溢于言表的，尤其当你看到有农民因为你的科研成果而获益的时候。

既然做了农推工作，就要抱着为农民谋福利的想法，不要考虑自己的得失。然后还得找对模式，对于茶叶的加工制作，我就是以当地企业为切入口，建立龙头企业—农业合作社—当地农户的联动合作模式，这样最有利于科研技术的产业化推广和应用。

我们做技术推广还要有创新的理念，譬如在浙江，龙井茶就有绝对的统领地位，我们要承认这一点，但也要秉承“推陈出新”的发展理念，看看除了龙井我们还能做什么。

除了龙井我们还能做什么

“杭州的西湖龙井太有名了，人们提起浙江茶总是先想到龙井茶，在这个产品多元化的时代，我想试试不走寻常路，发展其他茶类！”正是这一灵感突现，使得汤一开始关注龙泉的金观音乌龙茶特色产业，从而走上了探索浙江多茶类生产模式的漫漫长路。

汤一是浙江大学茶学系副教授，2005 年他作为省级科技特派员入驻龙泉市兰巨乡，在他的技术指导下，龙泉市金福公司采用先进的空气调控做青技术，实现温度和相对湿度的精准控制，生产出色香味俱佳的上等乌龙茶，专家们品尝后给予了很高的评价，产品投放市场后，市场平均价达600元/千克，取得了良好的经济效益。

“其实当初选择做乌龙茶这个项目，心理压力是非常大的，因为没有人理解，为什么要在浙江发展这个新东西。但我觉得这是观念问题，做乌龙茶并非是要否认绿茶在浙江茶产业中的主导地位，而是将乌龙茶和红茶等作为有益补充，借多茶类组合生产模式，提高茶叶生产的综合经济效益。”汤一坦言道。

正如他所说，金观音乌龙茶项目最初并没有人看好，毕竟在浙江生产乌龙茶在当时看来是有点“不伦不类”的，幸好龙泉金福茶叶公司董事长金必福和汤一的意见不谋而合，他给了汤一极大的支持，使得龙泉的乌龙茶生产迈出了艰辛的第一步。

种茶首要的是要选好茶种，为了确定“金观音”这个百里挑一的茶树品种，汤一多次前往龙泉茶叶生产基地调研，跑到福建茶区进行实地考察。经过详细的走访调查后，汤一发现龙泉靠近浙闽边界，与武夷山很近，二者都同属于洞宫山脉，相似的地理条件使得龙泉引种乌龙茶具有很大的可行性。

在龙泉小范围地发展金观音乌龙茶后，汤一发现这种春产绿茶、夏秋制红茶和乌龙茶的多茶类生产模式不仅可以延长采茶时间，解决采茶用工过于集中的矛盾，最重要的是极大地提高了产茶效率，一年三季都可以产茶，这直接增加了茶叶公司和茶农的利润。就这样在不断的实践中，他逐步确定了龙泉金观音茶产业的发展方向——坚持以名优绿茶为主导，以红茶、乌龙茶为补充，坚持多元化的发展战略，推进多茶类的生产结构优化。

开发生产乌龙茶在龙泉乃至整个浙江都是一条前人未曾走过的新路，所有的知识和规律都不能照搬，不管是设备安装、厂房改造还是技术升级、加工培训，从硬件到软件，必须要有新的突破和改进。汤一回首当初，不无感慨：“压力确实很大，但是这种压力并不是因为担心我自己的成功或者失败，而是不能辜负政府、企业对茶产业的投入和付出，不能辜负农民们对种茶致富的期望，现在出来的成果应该是一份基本满意的答卷了，我也算无悔于当初的选择了。”

“乔装打扮”取茶经

茶叶的生产发展是一个系统工程，确定大力发展金观音茶树品种后，汤一又开始为龙泉相对落后的产茶专业技术和设备操心。他亲自参与各种调研和试验，决定采取“内引外联”的做法，不仅将浙江本地的茶叶技术专家请到龙泉，进行实地咨询与指导，还专程跑到福建安溪进行实地考察和学习。

说到这里，我们不得不提汤一去福建“取茶经”的趣事儿。因为技术设备是一家企业的“传家宝”，要想习得其中精髓绝非易事。汤一以游客的身份前往福建一家著名制茶企业参观，想趁机下车间参观制茶过程，颇有点“乔装打扮、微服私访”的意思。没想到随行有个师傅漏了口风。“我们一提参观制茶过程的要求，老板的脸色马上就变了，接下去几天他一直很热情地邀请我们去各种茶庄喝茶，就是决口不提下车间参观的事宜。”

尽管吃了闭门羹，但是汤一依然坚持：“既然我决心在龙泉发展这个东西，就要扎扎实实做起来，你一次不同意，我来两次，两次不同意，我来三次！”后面几次的拜访，汤一和金必福董事长还带去了龙泉宝剑这样的特产，希望能够“以宝易宝”。

功夫不负有心人，茶企老板终于被一行人的诚意所感动。在一次品茶会上，他同意让随行的制茶师傅下到一线车间参观，但是汤一被排除在外。面对这难得的机会，汤一嘱咐了师傅几句。茶馆里，汤一依旧和各路爱茶人士品茗聊天，谈笑风生，表面上风轻云淡但是内心却焦急如焚，时刻记挂着“产业技术”这一大事。制茶师傅也算不负众望，在走马观花的几十分钟内，就牢牢记住了制茶流程中“与龙泉制茶不同的地方”。

带着几经周折才带回来的“宝贝”，一行人一回浙江，就马不停蹄地开展试验。他们通过福建的调研经验迅速“复制”了一套和福建武夷差不多的制茶设备，“当然这只是依样画葫芦，在小范围内试验。有了这第一套设备后，我们就可以因地制宜，根据龙泉制茶公司自身的生产特点以及金观音的品种特性进行改进了。”在他尽心的指导下，后来龙泉又陆续从武夷茶区引进性能优良的综合做青机5台，改善了做青这一关键工序的机械化作业程度，汤一还研发完善了做青的温湿度等环境调控技术和做形技术，生产工艺的创新大大减少了金观音产品因原料粗老引起的条索松散、包装易断碎等问题。

随着茶叶产量和质量的不断提高，政府对龙泉金观音项目的兴趣也越来越大。2006年底，龙泉“金观音乌龙茶”项目通过了省科技厅的鉴定，成为浙江省第一个省级乌龙茶新产品，也开启了浙江省生产高档乌龙茶的历史。2007年初，时任浙江省委书记习近平到龙泉视察，得知龙泉开发了金观音乌龙茶，非常高兴，还饶有兴趣地自己动手冲泡了一壶品尝，并予以充分肯定。如今龙泉金观音茶树的种植面积已呈现出星火燎原之势，从当初的二十几亩试验田发展到现在的近两万亩，茶农收入大幅提升。如今“金观音”已形成一种品牌效应。继负有盛名的青瓷、宝剑之后，“金观音”茶叶成为龙泉第三宝。

贯彻“质量第一”总方针

龙泉的金观音茶产业给当地农户的生活带来了很大的改变。龙泉凤阳山下的官浦洋村原先是一个相当封闭的小乡村，从来没有种茶的经验，但是在汤一科研下乡支持龙泉金观音企业走上了繁荣发展之路后，官浦洋村的村民在2006年底自发种了1000亩金观音茶树，后来又发展到2000多亩。“这对我来说是莫大的鼓舞，有村民主动选择栽种金观音茶种，不仅对我自身，且对整个高校农推工作来说都是很有意义的！”汤一不无自豪地说道。

接下去的几年，官浦洋村又陆陆续续地扩大了茶叶产地。时至今日，这个曾经不知名的小山村已成为龙泉有名的茶叶专业村。汤一依旧定期进村去开展农民生产培训，以进一步提高茶叶生产技术，一颗茶种改变一村人的故事就这样被写进了历史。

为了更好地将最新科研技术普及给当地农民，汤一认为应该以当地大企业为切入口，创立龙头企业—农业合作社—当地农户的联动合作模式。“这是我一开始就坚持到现在的理念。因为茶产业比较特殊，尤其是我从事的茶叶加工领域，有一定的门槛，挨家挨户推广显然是不合适的。我的计划很清晰，就是找当地企业，提高企业的加工技术，完善技术流程，再带动生产合作社，落实到个体农户。事实证明，这样的操作模式确实是比较可行的。”汤一这样说道。

除此之外，汤一还一如既往地坚持着“质量第一”的指导思想，并一以贯之地落实到农推工作的方方面面。汤一经常下车间去抽样调查：“我想要达到的效果是生产技术规程化，优质产品常规化，并不是说今天有领导来检查企业就拿出一份上好的样品，领导一走，质量就下降了。我希望看到公司生产出来的每一片茶叶都是上等的，只有这样才能够建立品牌价值，在消费者中树立口碑。”

在 2009 年，汤一曾就此写了一份报告——《关于龙泉金观音茶产业的一点思考》，其中重点阐述了产量和质量的相互关系。报告中写道：“茶叶和传统工业产品不一样，没办法完全数字化和机械化。制茶是一项对技术要求极高，又兼具极大灵活性的工艺。为了龙泉金观音产业的长远发展，我们必须走一条稳妥的道路——以质量带动产量。”

值得注意的是，这份报告并没有形成纸质出版物，仅仅是承载了一位农推专家多年心血和感悟的“干货”电子文稿，其中所言皆是含金量极高的建议。这份文档被当时的龙泉市委书记赵建林看到了，醉心于龙泉茶产业发展的赵建林如获至宝，立刻影印出来发到了相关部门，要求他们仔细翻阅，落实行动。很长一段时间后，汤一才从别的老师口中听到了这么一段故事。“想起来还是挺有趣的，不过这还是说明了我们注重质量的指导方针得到了多方认同，正是因为一直严把质量关，所以我至今没有听到过关于龙泉金观音的负面评价。”

推进茶叶种植新四化

2006—2008 年是龙泉金观音产业发展的关键时期，经历了最初几年的挫折和探索之后，当地茶产业总算走上正轨，展现出了势不可挡的趋势。但是汤一并没有故步自封，而是继续沿着浙江省茶叶产业的总体趋势主张发展“新四化”，即茶树良种化、采茶机械化、加工清洁化和茶园生态化。

培养和普及茶树良种的意义非凡，这是所有工作的基础，并且与各种茶叶的质量直接挂钩。“尽管都是乌龙茶，但是金观音和铁观音品种的差异有时候喝都喝得出来，我们必须因地制宜，不断培育和改良优秀的茶树品种，丰富市场，才能使农民和企业看到效益，吸引他们主动种植新品种。”汤一说道。

采茶机械化是专门针对乌龙茶的品种特性而制定的一条发展道路，“在龙泉的示范基地里，我们的机械化成果还是不错的，这极大地提高了采茶效率，特别为企业节省了开支，你看一个合作社在采茶季原来可能要聘请 100 多名采茶工人，现在只要五六个了！”

而关于加工清洁化则更好理解。汤一通过实地调研，发现很多茶厂存在设备工艺落后的问题。“他们的茶机都是单机，一个个相互独立，有时候茶叶都掉在了地上。”基于此，汤一带领他的团队主动开展设备升级、厂房改造，实施设备连续化，由单机作业进化为输送带作业，将原本独立的机器串联起来。这无疑提高了加工效率，保证了质量稳定性，又提高了加工过程中的卫生水平。

谈及龙泉茶产业未来的发展方向，汤一认为要坚持现在已有的模式，一方面要巩固名优绿茶的生产地位，继续发挥优势；另一方面，金观音作为成功引进的乌龙茶品种，产量高，品质好，而且适合龙泉水土环境，只要扬长避短，就能够在市场上占有一席之地，发展成为在全省乃至全国媲美铁观音的一个品牌品种。“好东西就是好东西，乌龙茶在龙泉种植成功后，现在松阳、宁波等地也有很多企业来引进茶种，这可以说是浙江多茶类发展的一个可喜的趋势。”汤一说道。“我们的浓香型乌龙茶已经可以比肩正宗武夷岩茶了。在评比中，龙泉红茶连年取得金奖，在省内也形成了较高知名度。以后我们将进一步完善多茶类组合生产模式，最大限度地提高茶农收入。”

除了继续发展茶产业本身，汤一认为将茶产业和旅游业等第三产业相互结合也是未来的一大发展趋势。“我们可以模仿松阳，办一个乌龙茶生产基地的旅游项目，毕竟龙泉位于浙江丽水，秀山绿谷，还是很有旅游价值的。”汤一认为金观音的价值绝不仅仅止步于此，它是关系到政治、经济、社会的一个全方位工程，对社会主义新农村建设具有十分重要的意义。

被需要是幸福的

在汤一的指导下，金观音茶叶在龙泉全面开花结果，现在已经有将近两万亩的种植基地了。“我觉得既然开始做这个事情了，就尽量搞得圆满，这是我的责任感驱使我去完成的。”汤一说道。龙泉金观音红茶自 2013 年起，连续 3 年在浙江省红茶品质评比中摘获金奖。2013 年 7 月下旬，时任浙江省委组织部长蔡奇还曾发微博对金观音茶叶做了细致入微的点评，盛赞龙泉特色茶。这篇文章引起了不小的轰动，金观音的招牌算是真真正正地打响了！

其实，汤一这种“要做就做到最好”的心态还体现在其他方面，比如他在担任宁波北仑孟君茶叶公司科技特派员期间，将龙泉的经验成功嫁接到北仑区，推行多茶类组合，极大地提高了当地名优茶“三山玉叶”的品质。北仑区春晓镇因此在宁波国际茶文化节一举囊获 4 个金奖，占了金牌总数的 1/6！近几年来，该公司发展势头依旧强盛，兼并步伐不断加快，并且在当地发挥了极大的产业带动作用。

汤一除了在自己擅长的茶叶加工领域贡献颇丰以外，还积极帮助茶叶相关产业的发展。他在与余姚市姚江源茶叶茶机有限公司的合作中，将工艺技术与机械设计紧密结合起来，通过制茶工艺的精细化、数控化，使加工机械性能进一步跃升；还将“空气调控技术”这一创新技术资源嫁接到姚江源的茶机产品上。该项技术的投入应用，让茶机性能提升有了新突破。他还领导团队利用各种渠道，积极进行姚江源茶机品牌推广和宣传。目前，姚江源茶机作为后起之秀，其市场竞争优势和品牌影响力越来越显著，受到业内的广泛关注。

“我虽然不是搞机械的，但可以帮到他们的地方我都会尽量帮助。被别人需要是很幸福的一种感觉。”

采访手记

初次见到汤一老师，就觉得他非常和蔼可亲，不愧是做茶的人，自有一股清茗般的翩翩君子风范。整个采访过程我都觉得十分轻松。也许由于我就来自丽水，谈及家乡的特产茶叶觉得分外亲切。以前在家里，我爸爸就经常买金观音茶叶喝；有客人造访，家里人也习惯用一壶热茶聊表心意。这次和“金观音教授”直接面对面交流，聆听着一片小小树叶的故事，体味着一颗小小茶种的冒险，顿时对家里习以为常的茶叶有了不同的情感。原来那一盏清淡微黄的液体背后凝聚着如此多的心血。我想以后再次捧起那盏金观音的时候，我的脑海里一定会浮现出汤一老师在茶山上俯身拾起芽苞并细细观察的场景。

（学生记者　谢梦巧）

第十三章

接地气的“老汪”

——记浙江大学农业技术推广中心汪炳良教授

人物名片

汪炳良，男，浙江大学农业技术推广中心生物种业与植物生产部主任、教授，主要研究方向是蔬菜种质创新与品种改良，育有“浙甬 2 号”、“浙甬 3 号”、“哈脆 0919” 等甜瓜新品种。浙江省农作物品种认定委员会蔬菜专业组组长，浙江省蔬菜产业技术创新与推广服务团队首席专家。2003 年起担任浙江省科技特派员，派驻丽水市青田县万山乡。2012 年被评为青田县“十佳”优秀科技特派员，并 3 次获得浙江省优秀科技特派员荣誉称号。2006 年起先后担任龙泉市、丽水市蔬菜产业首席专家，2011 年担任湖州市蔬菜产业联盟专家组组长。多次获湖州市农业科技产学研合作先进工作者、浙江大学先进工作者、浙江大学湖州市现代农业产学研联盟先进个人、浙江大学 – 湖州市美丽乡村建设先进个人等荣誉称号，以及 2009 年度浙江省农业科技成果转化推广奖、龙泉市科技突出贡献奖等。主编出版了《蔬菜制种百问百答（第二版）》、《番茄、茄子、辣椒生产答疑解难（第三版）》、《蔬菜育苗一问一答（第二版）》等书籍。

人物感言

我们的人生价值观应该在社会上得到体现。一个好的口碑，其实就是社会对他的认可，也是他的人生价值所在。

一双炯炯有神的眼睛，被阳光晒黑了的皮肤，瘦削的身材，汪炳良总是神采奕奕，充满干劲。十五年，从担任地方经济顾问开始，他背着公文包奔向田间地头，从朝气蓬勃的青年人变为经验丰富的大专家，他甘愿付出，不问名利。对于同学，他是严谨负责的汪老师；对于村民，他是靠谱万能的“老汪”。

因势而为：为地方出谋划策

自 2003 年第一次做科技特派员，每年汪炳良要花三分之一的时间在上面。他去的地方是丽水的万山乡。为了帮助地方发展特色产业，他为村民们组建了一个基地，以合作社的形式统一管理。

在他去之前，万山乡的主要经济作物是迎庆桃，这是一种晚熟桃，每年的八、九月台风季节，正是桃子果实快要成熟的时候，桃子容易被刮落或被损伤。主攻蔬菜的汪炳良作为桥梁，联系果树方面的专家帮村民们嫁接了一种早熟桃，在台风前就可以结果采摘。

小的桃树从种下去到盛产期至少需要 4 年时间。怎样利用这部分空闲时间，提高土地利用率？他为村民们想了个办法：在空地上套种西瓜。在空闲地上种西瓜既给村民带来了不错的经济收益，又有效地缓解了水土流失。对那些已经成林的桃树园，他建议采用立体种养的模式，让村民们在里面养土鸡。土鸡可以吃虫子和杂草，鸡粪则用来当肥料。

没有想到的是，几年后，桃树开始生流胶病，流出像琼脂一样的凝固物，无法正常生长，果实产量与品质明显下降。看着上千亩面积的基地里一株株桃树萎靡不振的样子，汪炳良心急了。“根据时间的不同和情况的变化，产业也要进行调整，不可能种下一种作物就一路走到底。”这时的青田，油茶逐渐变成了优势产业之一。汪炳良决定，将基地里的桃树改为油茶。同时进行调整的还有那些以种植番薯为主的普通农户。他为他们选择的作物，是辣椒和西瓜，分别种在海拔约 500 米的山腰的阴面和阳面。西瓜不能连续种，汪炳良就配上水稻进行轮种，一年种西瓜，一年种水稻，既保养了土壤肥力，也能供给村民们自己的需求。产前、产中、产后，他总是到田间亲自查看作物的生长情况，把关作物的生长；他一方面给村民进行品种、技术、市场相关的培训指导，一方面带他们外出考察，看看别人是怎么做的，动用自己的人力、物力，帮村民们打开了高山辣椒和高山西瓜的销路。

“山区的老百姓们能听懂普通话，但不会讲，年纪大的甚至听不懂普通话，和他们说话只能找当地人当翻译。白天，我们到田头，看看他们田里种得怎么样了，纠正一些错误的操作管理，问问他们有没有需要帮忙的，介绍一些先进实用技术；晚上，我们把大家集中起来，在村里进行技术培训并解答问题。”第一份科技特派员的工作让原本埋头于大学实验室做科研的他走进了农村，接触到更接地气的人、物、单位。在汪炳良的眼里，特派员就是为地方做实事的，自己要做的就是倾听地方上的需求，为他们排忧解难。

肩负多担：时间不是自己的

一辆车，一包烟，汪炳良总是匆匆赶往下一个需要他的地方。“有一回，我一清早从杭州出发，先到桐乡取苗，再将苗送到永康山区，又从永康前往丽水的青田、莲都，完成工作后再回到杭州，那时已经是后半夜。这一天我至少开了 1000 公里的路，约 10 个小时。”汪炳良的行程表总是满满地排到了约半个月之后，他笑着说：“我的时间好像不是我的，总是被各种各样的工作占据。”

2000 年，他与学校其他 3 位农学类老师一起成为了宁波市宁海县的经济顾问，任期为 4 年。“我们在那里种的是高山蔬菜。决定作物能否生长的主要因素就是温度。海拔每升高 100 米，温度就会降低约 0.5 摄氏度。即使是降低 1 摄氏度，也会对作物生长产生巨大的影响。”结合当地的特点，种植高山蔬菜成了首选。在宁海这个以工业为主的沿海小城，海拔 500 米以上的耕地总面积不到一万亩。第一年，他们刚到的时候，仅看到 20 亩高山蔬菜，其他都是荒地或种植了杂粮；第四年，他们怀着不舍离开的时候，高山蔬菜覆盖率已经达到了 70%。时任宁海县委书记这样评价他们：“你们才是真正地在践行‘三个代表’啊！”

2006 年，浙大和丽水龙泉展开战略合作，构建社会主义新农村，汪炳良受聘成为龙泉市蔬菜产业首席专家，根据当地的情况，按照当地政府的要求进行规划指导，3 年一期，一直延续到现在；2009 年开始，他受聘为整个丽水市的蔬菜产业首席专家；2010 年，湖州市产业联盟试点吴兴区的工作人员找到他，他应邀成为吴兴区的蔬菜产业首席专家；2011 年，整个湖州市启动产业联盟，他成为湖州市蔬菜产业联盟专家组组长；2014 年，他成为浙江省蔬菜产业技术创新和推广服务团队的首席专家。他还曾担任过浙江省宁波市江北区、宁海县，浙江省嘉兴市，江苏省江阴市等多地的首席专家。除了这些，汪炳良在浙江省农业厅还有一些职务，例如农业生产事故鉴定专家、浙江省农作物品种审定委员会西瓜专业组组长、浙江省非主要农作物品种审定委员会蔬菜专业组长等。

地方上的工作、农业厅的工作、学校的工作，都压在汪炳良身上。他时常想，自己要是能变成 3 个多好。汪炳良说，一年当中，自己只能休息两天，大年三十和大年初一，从来没有周末休息的时间。每天清晨六点，闹钟响起的时候，他都努力地克服着困意，默默地告诉自己，还有那么多的事情等着他去做，必须起床。每年，他开车的里程都要达到 4 万公里左右，这几乎相当于机关事业单位专职司机一年行驶的路程。

当被问到是否想过放弃的时候，他说：“承担这么多的工作，体力上确实很累，但心里不累，我觉得很开心，很充实。一个人的价值其实是在社会上体现的。一个好的口碑，其实就是社会对他的认可，也是他的人生价值所在。”

这几年，他越来越忙，“我对这些地方感情都很深，都希望能为它们做点什么，只是有时候心有余而力不足，没有太多的时间。我尽可能地满足当地农业部门的要求，有时实在去不了现场就让他们拍一张照片发过来看看，尽量帮助解决问题。因为自己的时间紧张而不顾别人的实际需求，这不是我的性格。”

汪炳良对农民、对农业有着一份特殊的情怀。在大学求学时，他的学费、生活费，都是国家补助提供的。没有国家的帮助，他根本念不完大学。他感叹道：“我们这些人都是国家培养的。国家培养的人总要对社会做点贡献。我能够为社会做点事，给老百姓真正带去实惠，就是实现了自己的价值，人生就有了意义。”

讲求方法：顶层设计的指挥家

从年轻时就开始从事农业工作的汪炳良用近 40 年的时间总结出自己的一套心得，其中重要的一点就是要讲求效率方法，将顶层设计应用在农业推广中。

汪炳良觉得，顶层设计，是一种主动出击的方式，就像战争前的战略部署，主要包括两个步骤：第一，找到困扰这个产业的问题并对问题有深刻的认识，抓住它的症结所在；第二，找到方法来解决问题。他说：“我非常反对为了写论文而设计一个实验，我建议我的学生首先发现问题，再把解决问题作为写论文的目的。然后再围绕是否有能力做这件事以及如何做好来讨论。”

现在，农业耕作中的老龄化已很严重，一般都是由家里上了年纪的老人来料理农事，老人们体力不支，干活效率低或无法从事重活劳动，推广农业机械迫在眉睫。

2014 年 9 月，汪炳良为浙江省农业厅设计了一次现场会，用以推广农业机械，到会者包括各级农业部门领导、技术骨干及规模主体，约有 100 人。汪炳良向大家介绍了播种机等机械，播种机的使用非常简单，只需要一个人推着它沿着一垄垄的田地走即可。“虽然播种机在播种省工方面并没有太大的效果，但它播种很均匀，生长出来的苗子大小一致，收割、包装可以方便很多。人工播种时由于难以播种均匀，需要增加删苗这一步，而删苗每亩就需要四五个工时，使用播种机就没有这个忧虑了。”

这个现场会是汪炳良一手策划组织的，得到了大家的一致好评。“我是倒推着完成这次现场会的设计的，”他解释说，“定下最终举行的时间后，再将要做的事按轻重缓急安排，每一天都设计有具体的操作实施内容。”在汪炳良的设计过程中，他意识到，就算自己布置的现场再好，如果没有很好的宣传，也难以达到应有的效果。由此，他想到了关键的一步：与政府的交流互动。“这些工作既是我们学校教师农业推广义不容辞的事情，也是农业部门要做的，我们的目标是一致的。而有些时候，光靠我们学校的宣传力量是不够的，需要主管部门的出面配合，才能达到预想中的效果。”

2015 年年初，汪炳良计划携手龙泉市政府举办一次浙江省山地蔬菜现场观摩与研讨会。他再次负责设计整个流程，包括内容、地点、时间。在确定了共同的目标后，校方的主动让政府的目光也集中到这次现场观摩与产业交流活动上，为农业推广争取到了更多的支持力量和发展空间，这也为农业推广提供了一个新的思路和好的方案。8 月 21—22 日，全省山地蔬菜现场观摩与研讨会吸引了来自全省各地的 80 多名代表参加，取得了圆满成功。

同样的思维也适用于特派员工作上。2005 年 8 月，汪炳良在万山乡做特派员时，策划了“山区优质水果、蔬菜、土鸡生态种养技术开发与示范推广”现场会，这是整个丽水市第一个科技特派员项目现场会。“我们按照规划，在低龄桃园套种西瓜，在成林桃园放养土鸡。山林都有它特殊的基本条件，例如海拔、地形、气候。我们通过顶层设计，运用一些农业知识解决技术问题，可以将山林的利用率最大化。”

如果把农业推广比作一场战争，那么最重要的角色，莫过于指挥家。一个指挥家，要对战争形势充分了解，对各种可能的突发情况都有所考虑，不断调整部署，显然，汪炳良做到了。

采访手记

见到汪老师，是在华家池的蔬菜研究所。刚到他的办公室，就看到地上晒满了一袋袋黄色的种子，大约有100袋，有一堆是已经挑出来的变了形或有蛀虫的种子。门把手上也挂满了装着种子的袋子。我诧异地问老师这是什么，汪老师的表情淡淡的，解释说这是他育种研究的甜瓜种子，通过种子的颜色、饱满程度，可以知道种子的好坏。

当时我的想法是，老师你太厉害了，这么多种子，你竟然可以一眼就看出种子的发育状况并挑选出良种来。但是在采访中，我才发现，我看到的只是老师的一部分。

汪老师是老牌的大学生，有一种特别严谨、认真的态度。他讲到自己肩担多份工作且分身乏术，讲到自己开车连续10个小时不间断，讲到每年只能休息两天，我形容不出当时心里的感受，有敬佩、有惭愧，更多的，可能是感动。

农业推广工作不好做，要处理好学校和政府之间的关系，还要有足够的说服力让村民相信自己。但是汪老师说，自己很充实。汪老师对生活的独到分析和对社会的强烈责任感让我肃然起敬，我相信，有像汪老师这样一大批热爱农业推广工作的教授在，农业推广的明天，一定会更好！

（赵婧含）

第十四章

带着农业"资源库"到基层

——记浙江省科技特派员、浙江大学农业技术推广中心汪自强教授

人物名片

汪自强，男，中共党员。浙江大学农业技术推广中心、浙江大学农业与生物技术学院教授。2005 年 4 月至今，在泰顺县万排乡（现仕阳镇万排社区）担任科技特派员。先后组织开展稻田养鱼、茶树新品种引进、茶叶提质增效、仕阳镇科技富民强镇等科技项目的实施，取得了显著经济和社会效益。先后 4 次获省优秀科技特派员荣誉称号，3 次获市优秀科技特派员荣誉称号，2010 年获得全国优秀科技工作者称号，2013 年荣获泰顺县首届杰出人才荣誉称号；同年获得省突出贡献科技特派员和温州市功勋特派员称号。2016 年获教育部"全国优秀教师"荣誉称号。

人物感言

农民需要科技知识，也需要科技特派员。科技特派员所做的工作是最接地气的工作，它可以助力农业产业的发展；农村也是科技特派员展示才能的舞台。我会一直做下去。

“2015 年 5 月 7 日，天晴，从泰顺县仕阳镇上宅垟村带回了一个新发现的黄茶茶样，认为有开发前途，送学院茶叶研究所检测，结果表明在茶多酚含量和总蛋白含量上有优势，取名‘泰上黄’，得到了泰顺农民的高度认可……已策划项目申报、开发途径、品牌宣传和基地建设，写出了项目申报书。”

这是科技特派员汪自强的一则日记。从 2012 年开始，汪自强几乎每天坚持记工作日记，迄今已有一千余篇。这些日记中频频出现的“泰顺”，就是他多年来对口担任科技特派员的地方。

11 年前，汪自强作为浙江省第三批科技特派员第一次来到了位于浙江省南部的温州市泰顺县万排乡。经过积极主动的走访和调查，汪自强掌握了万排乡的农业发展整体状况，他意识到自己作为科技特派员责任重大。

发挥专业特长，做农业知识的传播者

毕业于原浙江农业大学，汪自强在自己的专业作物学上颇有研究，具有大农专业背景和基础知识的他来到农村如鱼得水。

“没有调查权就没有发言权”，汪自强清楚地知道对于农业这种生产性领域来说，光掌握农业理论知识是远远不够的，必须将农业知识与具体实践紧密结合起来，探索出一条适合泰顺当地情况的路子。早在 2005 年，从获悉被派往万排乡的那时起，汪自强就通过前任老特派员、校友和在泰顺工作的学生，了解万排乡的农业发展状况。他拿到了万排乡第十四届人民代表大会第三次会议的《政府工作报告》和《2005 年万排乡工作计划》，对万排乡农村发展规划、农民的收入水平、主导产业发展现状、问题和趋势等概况有了基本了解，也大致掌握了自己所在乡镇的农业发展重点、难点。就这样，他一手掌握着农业知识，一手掌握着当地实际情况，来到泰顺县万排乡，开始了自己的“万里长征”。

人们发现，身为科技特派员的汪自强，不常在自己的住所或办公室，而常常在田间、在路上。初到泰顺的 10 多天时间里，他就走遍了全乡的 4 个行政村，农户家中、合作社、茶园等地到处都有他的身影。他以一种平等、热情的姿态来到农民中间，与他们交流，和他们做朋友，慢慢地也就融入了万排乡这个群体。

上排村有 200 多亩的连片水稻田，农民们世代以种稻为主业。汪自强初到该地，就敏锐地意识到了连片水稻田与丰富山泉所具有的得天独厚的优势。“发展稻田养鱼！”这个想法在他的脑海里闪过。尽管当今人们对稻田养鱼已不再陌生，但在 10 多年前的上排村，当农民还遵循着稻田种水稻、池塘养鱼的传统时，这个想法是如此独出心裁，引起了巨大的关注。

在仔细分析了当地稻田养鱼的可能性之后，汪自强开始忙碌起来。他一面向农民们解释和推广稻田养鱼，一面向温州市科技局和农业局申报了“稻田养鱼配套技术研究与应用”项目。项目实施两年后，每亩稻田在稻谷产量基本不减的情况下，可获得 20 公斤田鱼，增加了农民的收入。此外，由于养鱼的需要，农资使用得到了控制，种出来的稻米无公害、纯天然，广受市场欢迎。

汪自强不仅乐于运用自己的知识为农民们创造实实在在的收益，他也同样热心投身于向农民“传道授业”之中。他结合农民生产的实际需要举办的各类培训班、科普讲座，已累计 20 多场。其中，2007 年的“新农村和生态建设讲座”是泰顺县围绕新农村建设和生态县建设而进行的全县干部学习大会，汪自强被邀请做辅导报告。该讲座吸引了全县 560 多人参加，好评如潮。此外，他也积极联系浙江省科学技术协会，为泰顺县带来了“省希望之光科技下乡活动”、“浙江省科协农科学会办联合下乡活动”。这些大大小小的活动以通俗易懂的方式普及了农业科技知识，提升了农业产业水平。更重要的是，这些活动和平台提升并拓展了企业和合作社科技研究、项目申报和对外的联络能力：原本互不联系的企业和合作社建立起了良好的合作关系，原本只顾“埋头苦干”的农民和合作社学会了申报项目，借助科技和政策来获得更大的收益。

整合优秀资源，做农产品的包装者

身为科技特派员，汪自强没有被限制在自己的老本行作物学上，反而突破定势，将专业优势和资源优势发挥到了最大。对于泰顺人来说，汪自强的到来不仅意味着作物学专家的到来，还意味着一个宝贵的“资源库”的到来。

围绕该乡主导产业茶叶的生产，汪自强开展了一系列科技提升和科技支撑工作。他首先将自己武装成一个“茶叶行家”：通过自己学习、与茶农交流、进茶厂参观等方式，他对茶叶的生产、制作等过程有了较深的了解。紧接着就是“科学诊断、对症下药”。他从改良茶叶品种开始做起：依靠浙大茶叶研究所这个平台，他从茶叶教授那里“挖”来了茶叶新品种“浙农 117”，同时引进了浙江省的推广品种“龙井 43”。在几年的不断努力之下，当地茶园的茶树种类得到了更新，良种覆盖率达到了 90%左右，为生产优质茶叶打下了良好的基础。

汪自强指导黄茶繁育

新茶采摘季节，劳动力缺乏且劳动力成本较高等“老大难”问题再次出现。汪自强意识到了传统的手工采摘所造成的成本缺陷，想出了一个两全之策：谷雨前的新茶，建议手工采摘以保证它的质量，实行优质优价；谷雨以后的茶叶，建议使用采茶机来降低人工成本、提高采茶效率。在详细给茶农分析利弊之后，他以项目经费购置了采茶机，为农民解决了资金和设备之忧。

光有设备还是不够，他还请浙大茶叶专家骆耀平教授来做培训，为茶农讲解示范机采茶园的管理、机采过程、机采茶叶的加工等内容。他结合全国富民强县项目在该乡的实施，重点在乡茶厂做了茶叶的提质增香研究。此外，他还巧妙地利用了乡里旧有的淀粉加工厂房，改造、引进了茶叶加工流水线。经过几年的不懈努力，该乡茶叶的品质和效益不断提升。经汪自强扶持的泰龙茶叶专业合作社的谢细和介绍说：“经汪老师扶持的茶叶产业，由低档茶和粗制茶变成了高档茶和精品茶，价格也由原来的平均 30 多元一斤，卖到了 200 多元一斤。”

汪自强由衷地感谢泰顺县人民政府对科技特派员工作的重视。他说：“泰顺县请所有的科技特派员列席全县每年的‘两会’，这种制度是非常好的，因为它为科技特派员提供了一个了解当地需求的平台。”2007 年，泰顺县科技局为了更好地发挥科技特派员的作用，提出了“1 + 1 + N”的工作模式，即入驻一个乡镇，联系一个乡镇，服务几个企业。这个模式不仅为汪自强更好地服务百姓打开思路，而且也为他的农推工作提供了平台。从 2005 年开始，除了省科技厅规定的省级科技特派员项目外，汪自强为入驻乡镇和合作社申报了 10 多个项目，其中有 8 个项目申报成功并得到资助。在汪自强牵线搭桥和技术指导的帮助下，8 家企业和专业合作社签订了合作协议。“月老”汪自强的出现，不仅解决了资金、技术的问题，也使许多合作社不再愁农产品的销路了。

踏实为民服务，做农户的贴心人

有着 3 年知青经历、多年来从事农业科研教育的汪自强，对农民、农村保持着一种特殊的情感，因此，入驻和服务偏远乡村地区就不再只是硬性规定的工作和责任，而多了一丝发自内心的认同和关怀。他动情地说道：“这算是我的农村情结，我觉得为农民服务就实现了我的个人价值。”

汪自强脑子活，敢想敢做，用专业知识和新思路为泰顺的农业发展和经济发展带来了许多可喜的变化，许多农民对他称赞不已。2006 年，受台风“桑美”影响，泰顺县受灾严重。灾后第二天，汪自强就赶到万排乡，指导杨梅种植户开展救灾措施。他把维护农民利益作为主要责任，不仅通过整枝修剪等手段使杨梅树最大限度地恢复产量，还为农户申报了政府援助，可谓雪中送炭。2012 年，当汪自强下乡走访司前镇时，他发现了一个巨大的中华蜂蜂窝，便热心指导、积极联系，为这个“最大的中华蜂蜂巢”申报了“浙江农业吉尼斯”。蜂农甚至当地蜂蜜产业都因为这个“吉尼斯”而扬名，获得了额外的收益。最近，汪自强又有了新动作：经他指导管理下的茶园已经在质量、品牌方面做得不错了，他忙着联系和咨询风景园林学的专家、同事，准备将茶园开发成休闲观光农业的基地呢！

平易近人、踏实肯干的汪自强十多年如一日地奔走在泰顺，在当地百姓中获得了很高的声誉。他先后被授予“全国优秀科技工作者”、“浙江省突出贡献科技特派员”等荣誉。常常有许多农民、合作社负责人、企业负责人找上门来，他总是热心为他们排忧解难。

最为可贵的是，汪自强不仅热心帮助前来请教的百姓，还常常主动找上门去帮忙。有一次，他听说某枇杷种植合作社存在着坐果率低的问题，就二话不说主动打听去联系对方。经过实地调研后，他针对枇杷投入产出率低、坐果率低、易冻害等问题提出了优化山地枇杷种植的方案：通过“黑膜覆盖促进生长、整形修剪促冠成型、增施肥料促株健壮、反光膜垫底促果优质”的“四促”技术来整治枇杷，申报温州市科技局的科研项目来资助该合作社。第二年恰逢早春冻害，但由于采用了先进的实用技术，该合作社的枇杷仍获得了较好的收成。合作社社长董教书逢人便说：“是汪老师引进的技术，使我的枇杷躲过了一劫。”

“在教学和工作之余，我能为农民做哪些事情？”这个问题无数次被汪自强想起，也无数次由他身体力行而得到解决。勿忘初心，方得始终。与一些只在地方呆一两年就离开的科技特派员相比，汪自强可谓是“元老级”人物——他坚持在泰顺做了 10 多年科技特派员，而且打算继续做下去。除了大量的时间投入，他也不吝啬自己的精力和感情：他喜欢到乡间、合作社等地到处走走，去了解，去接触，从而敏锐地发现隐藏的问题与需求。“农民还是很需要技术的。”尽管泰顺的农业不断发展、农民生活水平不断提高，但汪自强还是深切关心着这片土地上的父老乡亲。

采访手记

采访结束，走出汪老师的办公室时，门上挂着的两顶黄色草帽跃入了我的眼帘。草帽下还挂着几件粘着泥土的衣服。“老师，这些东西是您的吗？”面对着眼前这位被“省突出贡献科技特派员”、“泰顺县首届杰出人才”等荣誉笼罩的大学教授，我有点不敢相信地问道。汪老师指着墙角的两双解放鞋笑着说，“当然啦，我昨天还在田里收大豆呢。”虽然没有亲眼看到老师顶着大太阳在田间 40 多摄氏度的环境中选育大豆的情景，但我分明从这些带着泥土的衣物中看到了一个农业人的热爱与坚守。在田间地头，老师像农民一样用双手劳作，用汗水收获作物；在实验室和办公室，老师像科学家一样推测和实验，用知识收获一篇篇优秀的论文。而科技特派员又是他的另一个角色，一个让他得以将自己的理论知识运用到实践中，并且义无反顾地为之奉献的角色。

我认为汪老师成为优秀的科技特派员有两个主要原因——主动和坚持。在积极主动的工作态度驱使之下，汪老师深入农村、农户，发现和了解他们的困难需求，也就找到了工作的切入点。更为重要的是他有着坚持不懈的精神。无论从工作的年限上看，还是从每年的工作时间看，汪老师的投入之多令人钦佩。毫无疑问，科技特派员的工作为农村的蓬勃发展带去了新的助力，但只有持续不断地耕耘才能收获最丰硕的果实。

（学生记者　梅林蓉）

第十五章

“泥腿子”农业专家

——记浙江大学农业技术推广中心徐海圣研究员

人物名片

徐海圣，男，中共党员，浙江大学湖州市南太湖现代农业科技推广中心主任，浙江大学农业技术推广中心动物生产部研究员，主要从事龟鳖、螃蟹等水产的健康生态养殖。现任湖州市水产产业联盟专家组组长，湖州市吴兴区、南浔区龟鳖产业联盟首席专家。曾挂职担任湖州市农业局局长助理、湖州市农民学院副院长等职务。曾被评为湖州市农业科技产学研合作先进工作者，获 2011 年度浙江省农业科技成果转化推广奖、吴兴区突出贡献人才奖。

人物感言

基层辛苦，但是我的工作充满乐趣，也让我充满热情，所以我愿意到“下面”去，做有用的事，实现农民认可、自己认可的价值。

在紫金港校区农生环大楼E座的一间办公室里，我们没能看到一个身着无菌服的专家，没能看到一个西装革履的大学教授，看到的只是一个太像农民的劳动者，一个朴实得不能再朴实的老实人。

他有浙江大学的博士学位，却常常做着最普通农民的工作；他有自己宽敞明亮的办公室，却卷起裤脚行走在田间塘头；他的科学研究是和显微镜、试管打交道，却是个泥鳅通、鱼蟹通、养鳖通；他来自平原农业发达的齐鲁大地，却将二十余年的心血和才华奉献给了浙江省的养殖农业。

他是一个非典型的生物学家，一个非典型的大学教授，一个工作在基层农业局农民一般的农业专家，一个淌着泥水一路走来的科技特派员，不打折扣的“泥腿子”科学家。他就是徐海圣。

走在田间：最基层最辛苦

谈起生物学科学家，脑海里蹦出的一定是这样的字眼：实验室，显微镜，培养皿，试管，药剂，镊子，白大褂……可眼前这个肤色偏黑、衣着简朴的生物学科学家身上，似乎更多地写着泥土的语句，浮动着田间野草的味道。

不错，徐海圣老师确实是个名副其实的“泥腿子”科学家。“泥腿子”可不是贬义词，这恐怕是徐老师下乡归来形象的真实写照。“泥水”对于他而言，是最熟悉不过的“伙伴”。作为一个致力于农业推广的农业专家，除了在实验室里穿着白大褂和实验仪器打交道，徐海圣花了更大量的时间走在田间塘头，和农民养殖户朋友们一起发现和解决养殖过程中的各种问题。

这可不是开车欣赏田园风光，这是真真切切地戴上草帽，挽起裤脚，和养殖户们一起照料那些肩负养殖户致富使命的水产们。“就拿甲鱼养殖来说，我几乎跑遍了湖州市的每一个角落，并认识每一位稍有规模的养殖户。”相比我们印象中的学者而言，徐海圣更容易让人想到稻田中的袁隆平。

作为一位学者，徐海圣的研究方向主要是水产重大疫病的病原生物学、快速诊断、综合防控、生态预警、疫苗的研制与应用，以及健康养殖与污染控制技术等。多年的学习和研究让他成了优秀的学者和生物学家。而作为下乡深入基层的省级科技特派员和湖州市农业局局长助理，徐海圣把这些研究成果贡献给了甲鱼、虾蟹等多种水产的养殖，贡献给了他工作和服务的农民朋友。

浙江省的甲鱼产量占全国的46%左右，鲜美的甲鱼老少咸宜，为浙江省的养殖户带来了一条良好的致富之路。徐海圣和自己的团队在杭州、湖州等地极力地开发和推广甲鱼生态健康养殖技术，这是他们科研之外又一重要的工作内容。

“咱们浙江的甲鱼，70%来源于温室养殖，30%来源于生态外塘养殖，前者的肉质不够鲜美，而后者由于甲鱼的冬眠养殖周期长，所以回本慢。”徐海圣的调研在田间，在塘边，在由于排泄物氮磷含量过高而水质污浊不堪的甲鱼池塘周围，在常年30摄氏度的甲鱼温室中。

深入的研究告诉徐海圣，甲鱼的养殖现状还有很大提升空间：生活在温室的甲鱼由于“生活没有压力”，通常10个月就可以被端上餐桌，但由于生长过快、冬季不换水等问题，这样养殖的甲鱼既会有肉质打折问题，还会有食品安全和环境污染问题；而在纯粹的生态养殖环境中，甲鱼有半年的冬眠时间，所以3～4年增重1～1.5斤的生长情况让养殖户们短时间难以回本，稳定收入变成了问题。基于这样的问题，徐海圣和团队开发了“稻田养甲鱼”的生态种养技术，让甲鱼以稻田中生物为食，让甲鱼的排泄物作为化肥营养稻谷。这一技术以略微的产量降低为代价，极大提高了甲鱼的肉质，同时由于极大减少了高氮饲料的使用，响应了“五水共治”，减少了高氮高磷污水的排放，为环境保护贡献了一份力量。

甲鱼生态养殖技术服务与推广只是徐老师众多基层工作之一，每天奔走在田间地头和温室池塘，他的工作就是帮更多的基层农民解决问题，避免风险。“在碰到专业之外问题的时候，我也会尽一切能力帮忙，比如会介绍咱们浙大茶学专业的老师去帮助茶农解决技术难题。”与其说是个专家、科学家，他更像养殖户、农民的朋友和助手，是一只忙于实验室科技成果和农村实践的辛勤“蜜蜂”。

反哺科研：真实践真学术

说到螃蟹，想到《红楼梦》中描述的“螯封嫩玉双双满，壳凸红脂块块香”，就让人垂涎欲滴。而在螃蟹满篓的浙江，人们对它更是不能再熟悉了。可真的说到螃蟹的养殖，估计没人说得清——连经验丰富的蟹农，恐怕也不能保证自己毫无纰漏。这么实在的东西，要是没个懂行的人指导，该走多少弯路啊。

不用慌，省级科技特派员徐海圣和他的同事们就解决了这个问题。科技特派员就是问题克星，这个时候当然不能往后站。

“蟹好不好，关键看水。水质清了，蟹的味道就鲜了。通过水草的种植、螺蛳的投放，达到生态平衡，水质更干净。同时，底部增氧可提高蟹的生长速度和成活率。”徐海圣可是对螃蟹的实际养殖不能再熟悉的人了，他见过的每一位养殖户、每一网箱螃蟹，都是他广泛深入调研和技术服务的一部分。在这样的调研基础上，他和他的团队充分总结蟹的成长“秘诀”，并和湖州市质监局一道，推出了《南太湖河蟹池塘生态养殖技术操作规程》，并把这个标准推送给所有南太湖的养殖户。规程不长，但细致全面，通俗易懂，不论是池塘的大小、水位的控制、水草的种植，还是每个月喂养什么饲料，都写得一清二楚。这些标准把太湖蟹的养殖变成了“数学题”，有题设前提，有分析步骤，更有解决方案。这样一来，螃蟹的养殖变得不再充满迷雾，农户们也避免了很多技术风险。

这样一套标准，不只是农民朋友的好助手，也同时是一项专业研究成果。徐海圣认为，“为了治病而治病是养不好水产品的，当它们真的生病了，就会不吃食甚至死亡，任何救治措施都已不起作用了。这时候，提前做好防病工作才显得非常关键。”在这样的思想指导下，这套标准强调了两个方面：一、注重养蟹水质的调节；二、是利用中草药、微生态制剂等生物保健品进行防病。这样的标准站在学术角度同样有重要的价值。以预防为主、重视水质的观点也使得这个规程作为重要的一个文献，可以供更多的科研专家参考和使用。

“也许我们这些社会服务岗的老师，和教学或科研的老师不同，钻在实验室做科研的时间没有那么多。”自 2006 年市校合作成为第一批到湖州挂职的浙大学者，到在湖州市农业局工作满一年后，受邀继续留任至今；从参与湖州市“十三五”农业规划、水产规划，到走访几乎每一个稍有规模的养殖户，徐海圣老师的忙碌，分了很大部分给这些基层的工作。“但这并没有影响我的科研进度。农业学科是应用性学科，农业技术的推广离不开科学研究，没有研究就没有推广的‘产品’；而水产一类的应用学科绝不是书本上的知识，‘照本宣科’的教学和‘纸上谈兵’的研究都不能让这样的学科真正踏步前进。”徐海圣认为，社会服务和科研工作相辅相成，共同前进。

如果说身兼“科技特派员”和“农业专家”身份的生活是一种别样的生活，那么这样别样的生活给徐海圣带来的，必然是和其他学院派的科学家所不同的学术积累和成长，但这份学术积累，更贴合实际，并不会逊色分毫。论文、专著，徐海圣一样也没有落下。

价值实现：很快乐很幸福

俗话说，天上斑鸠，地上泥鳅，养泥鳅是个欣欣向荣的产业，但徐海圣的泥鳅养殖户朋友曾为泥鳅的催产素注射难这一问题伤透脑筋：滑溜溜的泥鳅一抓就跑，到底该怎么给他们一只只“打针”呢？

通过思考和试验，徐海圣帮他的朋友们发明了一个专用的注射装置：一个大漏斗，连接直径与泥鳅相近的细软管，活脱脱一个换水泵。在使用的时候，人们从漏斗倒入泥鳅，他们就会“滋溜滋溜”往管子里钻了，这时候，在细软管的出口处，这些小泥鳅的“护士”们就可以逐只注射了。这样一来，泥鳅似乎“听话”了起来，一个个排着队打针，问题也就自然而然解决了。

“徐老师，太谢谢你了。”“徐老师，真的很管用。”“我下周到杭州，徐老师咱们坐坐吧。”或许对徐海圣来说这些工作远不及发一篇“SCI”论文来得艰难，但在他眼里，这其中收获的幸福，难以言表。

“其实大面积养殖水产的风险很大，除了难以预测的病害以外，在咱们浙江，台风也是个大问题，像余姚、温州的养殖户都深受台风之苦。”这些令养殖户望而生畏的问题，时刻需要专家帮助解决和预防。徐海圣帮他们解决的问题，往往意味着一年的投入不会打水漂，在他们的眼里就像救命的菩萨一样慈悲而可爱。而徐海圣在这个“做菩萨”的过程中，也收获了感恩，收获了价值，收获了对自我的肯定和一份独特的幸福。“每次去基层，常会有些养鳖养蟹的老板、养殖户联系我，邀我一起，甚至有点应约不完。他们到杭州来，也常常会希望和我见面坐坐，聊聊近况和问题。”徐海圣也在不断地利用自己和自己团队的研究成果，毫无保留地共享给这些朋友和合作者，这使他成了农民朋友们欢迎的、最接地气的专家。

更何况，除了友谊和农民朋友的信任，徐海圣更对自己通过这项事业实现的价值心怀感恩——在搜索框中随意敲入徐海圣的名字，他四处为农民朋友上课的新闻材料就跳出屏幕——2012 年 10 月，徐海圣在东林镇的龟鳖生态养殖技术课堂就给 50 余位养鳖大户带去了福音，更有一位沈姓养殖户表示，龟鳖养殖从“自己琢磨”变成“课程学习”，确实会减少很多弯路。对于徐海圣来说，一个学者的价值通过农业实践被放大和深化，同时也把浙大、把自己学院和农推中心的价值传播出去，这样自我实现的幸福是溢于言表的。

与宵衣旰食、夜以继日这样的词汇相比，乐此不疲往往带给大家更多的感动。终日奔波忙碌、风里来雨里去的生活要说辛苦，自然是可想而知。徐海圣也从没否认过，“每次回家自己的鞋子里、裤腿里都是泥巴，每次都需要彻底清洗”。回想从最初并没有那样热爱生物学专业，到不断深入研究和实践带来的对专业的热爱、对事业的热情，徐海圣很感谢自己所做的事。“现在的我虽然在基层很辛苦，但是工作中充满了兴趣和热情。”成就感推动科研的前进，成果的诞生又让他带着幸福更好地帮助养殖户实现致富，这个非典型的科研或教学岗的大学教授，在市校合作的实践平台中，体会着和别人不一样的成就感与快乐。

采访手记

翻开徐海圣老师的朋友圈，除了田间乡下的优美风光，他还喜欢帮湖州市的水产品发发由衷的赞赏。美景，美味，美好的字眼，让这个朴实的老师显得更充满魅力。在这个“泥腿子”科学家的眼中，他的事业是十分有价值的。“作为一流的大学，浙大一定要为浙江省的农业发展做出重要的支持，才能符合它的社会责任，而我们现在所做的事情，就是在承担这样的责任。”徐海圣老师说，下乡的专家让浙大在农民心目中的形象有很大的提高，在养殖户朋友眼中，他们不只是代表自己，更代表了“浙大学者”，代表了浙江大学，这是这项事业更升华的价值体现。徐老师不后悔成为这样一个“泥腿子”，他相信和热爱自己在做的每一件事情，也真诚对待每一位农民朋友。

（学生记者　许冬晴）

第十六章

创建美丽乡村，且行且求索

——浙江大学农业技术推广中心严力蛟研究员

人物名片

严力蛟，博士，浙江大学农业技术推广中心研究员，浙江大学生态规划与景观设计研究所所长，浙江大学湖州市休闲农业产业研究院院长。中国生态学会常务理事，浙江农林大学客座教授。担任浙江大学湖州市现代农业产学研联盟休闲观光农业产业首席专家，四川省罗江县首席战略发展顾问，甘肃省甘南藏族自治州迭部县、四川省丹棱县经济社会发展顾问等。多次被评为浙江大学—湖州市美丽乡村建设先进个人。

人物感言

最能使规划设计师感到欣慰和有成就感的就是把我们的理想和蓝图落地、变成现实。

我们生活的这一片土地，是自然的产物，能给我们提供丰富的食物；同时，它又往往是人类活动的产物。一片毫无秩序的土地经过景观规划师的设计，有时成为一片富饶的土地，有时呈现一丛繁茂的树林。所以如施魔法般将土地变为美丽景观的人，一定既有自然科学的功底，又对人文艺术有一定的涉猎。景观规划师就是这样的“魔法师”，他们在大众心目中的印象也是既浪漫又严谨的。

严力蛟博士就是景观规划师队伍中的一位。作为浙江大学生态规划与景观设计研究所的所长及浙江大学湖州市休闲观光农业产业联盟的首席专家，在新农村规划上有着丰富经验的他持着“把论文写在白纸上，同时写在大地上”的观念，在中国众多省、直辖市、自治区完成了许多规划设计项目。在 2007 年对浙江省湖州市安吉县的“美丽乡村”的规划更是后来中央城镇化工作会议文件中提出的“让居民望得见山、看得见水、记得住乡愁”和习近平总书记提出的“绿水青山就是金山银山”的模范。

营造“美丽乡村”

“我们并不是什么项目都做，而是要做精品项目、品牌项目，要为浙大在外的形象增添光彩。”严力蛟这样说道。2007 年的安吉“美丽乡村”就是这样的精品和品牌项目。这不仅仅是一次非常成功的政府学校合作项目，更在新农村建设道路上具有里程碑一样的意义。这次规划以后，在全国的农村建设领域，“美丽乡村”这一理念得到了广泛的传播。

安吉，位于浙江省湖州市，区位条件优越，是杭州经济区重要的西北节点。与此同时，安吉的生态环境优美宜居，山青水绿，植被覆盖率高，空气质量非常好。气净、土净、水净是当地的主要名片之一。2007 年年底，安吉县政府和浙江大学达成协议，启动“美丽乡村”规划工作。而浙大生态规划与景观设计研究所就接下了这个任务。

接下任务后，项目组很快就前往安吉县进行考察工作。那年春节前后，正是雪灾肆虐的时候。大雪纷飞，全国很多地方交通遇到了极大的阻碍，安吉县也不例外。由于道路狭窄，且地面上的积雪有几厘米厚，车辆无法在路上正常行驶。项目组成员常常只能徒步进村考察调研，等到大雪消融之后才能乘车返回。在雪灾结束后，他们继续在周围地区考察了一个多月。白天四处走访，夜晚整理资料。考察了如此长的时间，让项目组积累了非常丰富的资料。所以在后续的规划中才能大展身手，按“一村一品，一村一业，一村一韵，一村一景，可憩可游、宜商宜居、安且吉兮”的思想打造一个“村村优美、家家创业、处处和谐、人人幸福”的中国美丽新农村。

在规划中，安吉的特产竹子、白茶，以及其与黄浦江源头、吴昌硕的关系被作为亮点推广，从而成功打造 4 条精品观光带。

在安吉县天荒坪镇五鹤村，有一片面积达 666.7 万平方米的毛竹林地。这些竹子青翠茁壮，整片竹林壮观幽深，这是第一条观光带——“中国大竹海”。安吉县气候温暖湿润，土地肥沃。得天独厚的环境孕育出了白茶这一珍罕的变异茶种。安吉白茶萌发的嫩芽是白色的，茶叶经浸泡后，其叶底也呈现玉白色，这是其独特之处。而靠近竹林栽种，更是让茶叶含有明显的蕙兰香。这些特点令安吉白茶声名远扬。而“白茶飘香”就是这第二条观光带。第三条“黄浦江源”在安吉龙王山自然保护区内。第四条则是“昌硕故里”，这一人文景观与其他三条自然观光带相互辉映，丰富了安吉县这一江南优雅县城、风情小镇、美丽乡村的意象。

安吉县就按照这样的规划一步一步地建设着。无论是以原生态风景和众多“农家乐”为特色的大溪村，还是发展带有浓厚水墨气息的“画扇面”

产业的迁迢村，都成为安吉规划的一个个亮点。起起伏伏的地形，青翠欲滴的竹林，富有生活趣味和江南文化色彩的乡村，这样的“美丽”乡村不仅让生活在其中的人们感到幸福，也给来访的游客们留下了深刻印象，这正是休闲观光农业的特点。

严力蛟不仅是湖州地区休闲观光农业产业联盟的首席专家，也指导了浙江其他地区很多新农村的建设，如临安的“绿色家园，富丽山村”，天台的“和兴家园，美丽山村”，上虞的“浓情家园，甜美山村”。这一系列“美丽乡村”的建设成为了全国乡村建设的模范，吸引了全国各地的规划师和政府官员前来考察学习。

奔赴“第二故乡”

“遵义是浙大的第二故乡，我们要持着报恩的态度，为当地的发展做出贡献。”严力蛟抱着这样的态度投入了贵州遵义的“美丽乡村”规划之中。从 2014 年 6 月开始，严力蛟团队就奔赴遵义，在遵义做了 3 次免费的有关城乡统筹、美丽乡村、生态循环农业的专题讲座，并对当地生态建设、美丽乡村、农家乐、休闲农业、乡村旅游、生态旅游、红色旅游等方面提供规划设计和技术指导服务。

贵州省大部分的区域地形是山地和丘陵。说到西南地区，我们大多数人能想到的可能是接连不断的山脉，崎岖难行的道路，缭绕云雾的山峰。山上大片大片未开发过的树林，从山脚到山顶一层一层的梯田，少数民族独特的山寨文化以及十里不同天的复杂气候，这是严博士对遵义的第一印象。对于当地的乡村建设基础，他谈道：“虽然遵义很多地区的地形没有那么破碎，也没有陡峭的山峰，但是经济发展基础依旧比较差。”但正是因为当地没有进行大面积、不合理的开发，所以生态环境相当不错，同样适合进行美丽乡村的建设。

在遵义的不同地区，根据当地的不同特点，项目组提出了不同的发展路线：“土坝—花茂—苟坝”以红色旅游和陶艺文化为主题，开发“陶艺文化创意一条街”；“罗衙—台湾村—柏香台”的规划则充分地结合了罗衙文化，建筑设计中使用的黄泥墙、古典漏窗和门头等传统元素体现了黔北独特的民俗文化；而“梳池—八里—民主”则处于城郊，依托土司文化这一“以蛮治蛮”的历史产物，深入挖掘当地传说，使游客能在欣赏田园风光的同时感受当地的文化内涵。此外，当地群众的配合也让严博士对遵义的发展持乐观态度。“从当地老百姓的身上我们看到了一种朴实和坚定。”毕竟如果有了规划而没有具体的实施者，也只是白纸上的空谈，群众自发建设美丽乡村才是规划能实现的关键。而在合作中，遵义政府的合作和办事态度也令严力蛟感到非常满意。“遵义政府办事很踏实，不浮夸。”

经过项目组的规划和群众的不断建设，遵义县的不少乡镇呈现出焕然一新的面貌。值得一提的是花茂村。这里原本十分荒芜，原名叫荒茅田。经过改造之后，在宽敞的大棚里，架子上长了许多果蔬；乡间的小径有土墙和围栏相伴，沿路鲜花盛开；村民的房屋在道路两旁，整齐又洁净；乡村旅馆和农家乐的发展红红火火。后来村子改名为花茂村，意为花香叶茂、生活甜美。在2015年6月16日，习近平总书记到访花茂村，并且高度评价了当地的美丽乡村建设。这正好印证了严博士所说的“为浙大在外的形象增添光彩”。

助力边疆发展

在严力蛟项目组所做的众多规划项目中，有一些是位于青藏高原和新疆地区的项目。这些项目往往是浙江大学援藏、援疆的重点项目。能否做好这些项目，既决定了这些地区能否迎来发展的转折点，又决定了浙大对外的声誉能否得到提升。严力蛟说道：“效益不仅仅是指经济效益，还包括社会效益和生态效益。根据国家形势、地方需求做些项目，是我们应尽的职责，希望借此能为百姓带来实惠，为学校扩大影响。”

甘肃省迭部县，古称“叠州”，藏语的意思是“大拇指”，被称为是山神“摁”开的地方。这里就像是茫茫雪原上的一个小绿洲，植被茂密，滔滔白龙江穿县而过，目之所及尽是青山绿水，有着别样的藏族风情。这里既是汉族文化聚落区与藏族文化聚落区的交汇处，又是黄土高原和青藏高原的交界处，更是黄河水系与长江水系的分界处。面对这样一个特殊的地方，严力蛟在规划之初就拍板：“做此规划，是为藏区服务，不收规划费用，但要比任何一个项目都要用心！”在前期准备阶段，项目组四入藏区，辗转于山村之间，前前后后，搜集资料和实地考察的时间长达一个多月，不知道熬了多少日夜。不仅走访用的时间长，后来的规划也持续了相当长的一段时间。如何在青藏高原上进行生态文明建设，这是一个难题。为此，他们在进行规划的同时，还开展了涉及景观变化、文化与格局、水土流失、生态系统生产力等多方面的科研课题，从而对这个地区有了更深刻的认识，以便进行深层次的规划。

除了青藏高原外，新疆地区也是浙江大学的重点援助地区。2015 年 6 月 4 日至 6 月 9 日，严力蛟团队第二次远赴新疆生产建设兵团第七师进行该地现代农业园区规划的前期调研工作。

一望无际的作物田，蔚蓝的天空，几朵稀疏的白云，充足的阳光，有点燥热的天气，远方一架架正在运转的农业机械，你可能会以为自己身处美国西部。但实际上，新疆许多地区的农业景象就是如此。“这些地方的农业机械化水平实际上要高于我们的想象。”严力蛟这么说。这 150 万余亩的棉花田充分说明，此地在棉花育种研究、规模化种植、自动化生产、初级加工方面处于全国领先水平。

虽然新疆地区有着得天独厚的阳光和土地资源的条件，但地处偏远，市场渠道不完善，信息化程度不高，产业链不够长，休闲观光农业发展落后。“在此方面，新疆农业与注重互动体验、休闲养生的浙江休闲观光农业差距较大。”这是严力蛟团队考察以后做出的第一判断。在这几天的考察中，项目组与当地的领导进行了深入的交流和讨论，感受到了新疆生产建设兵团第七师对于校师合作的热情。

未来，正如大漠里顽强不屈的胡杨林一般，这一片土地上将建成浩大而现代的生态农业园区。优质的棉花、番茄、葡萄，源源不断工作着的加工流水线，来往不绝的运输车辆，美丽的新疆农业风光……一切如诗如画般的现代农业景象，离不开项目组专业的指导和设计。

采访手记

在我见到严力蛟博士前一天的凌晨，他才从遵义返回杭州，之后又出差去了湖州。感谢他在如此忙碌的工作之余接受了我们的采访。

在交谈中，我对农业推广有了一些稍深入的理解。农业推广，不仅仅是大学或研究所派学者去指导生产这么简单。在农业推广活动中，既需要学者丰富的理论知识和实践经验，也需要政府的大力支持。此外，是否因地制宜，是否符合民意，方案提出后群众有没有热情参与建设，这些都是农业推广能否成功的影响因素。

（王涛）

第十七章

服务地方产业，建设美丽农村

——记浙江大学叶均安研究员

人物名片

叶均安，男，中共党员，浙江大学农业技术推广中心动物生产部主任、研究员。湖州市畜禽产业联盟专家组组长，湖州市南浔区、嘉兴市海盐县湖羊产业联盟首席专家。曾挂职担任宁波市象山县县长助理、湖州市农业局局长助理等职务。现主要从事反刍动物营养与饲料资源开发研究与推广工作。

人物感言

高校教师要为地方产业发展做贡献，农推是很实在的，我们做的研究，要让国内产业界看到，让农民得到好处。

一进叶均安的办公室，便闻到一股怪怪的气味。“这是蚕沙的味道，最近在研究这个，”叶均安解释道，“蚕宝宝你小时候养过的吧，这就是那个‘蚕’的排泄物。这可是个好东西呢。”

环视四周，不大的办公室里摆放着各种农产品，数量虽多，却井井有条。办公桌上摆放着《蚕沙生物发酵技术》、《复合益生菌提高泌乳奶牛生产性能效果》等文件，叶均安时刻都想着，如何让研究服务于地方，如何让农民得到好处。

在叶均安看来，研究所需要高尖端技术、发表SCI的人，也需要搞社会服务、造福地方的人，高校应体现其应有的社会服务职能。“我研究的东西，只要让国内产业界看得到、看得明白，运用到农业生产中去，让农民得到好处，就行了。”

搞农推要有冲劲儿，能吃苦

宁波是叶均安魂牵梦萦的故乡，对于故乡的农业发展，叶均安格外挂心。1997年，叶均安在北仑区三山乡租了两个虾塘，针对当时病毒性虾病泛滥的情况，开始了海水对虾养殖技术的研发，一做就是两年。两年间，叶均安住在塘边破旧的房子里，听着虫鸣入睡，伴着海浪醒来，晚上睡觉床边还要放一把柴刀以防虫蛇。一次叶均安的妹妹来看他，看到居住环境当场就哭了，“你这也太苦了吧。”

“天将降大任于斯人也，必先苦其心志。”这句话是叶均安养虾最好的写照。刚到农村去的叶均安与当地农民的沟通出现了问题。那时当地的农民普遍认为：做科研有国家经费，养好养坏没关系。所以叶均安聘请的那位农民工（原虾塘塘主）拿了钱却敷衍了事，“跟领导似的，”说到这，叶均安摆了摆手，“活儿都是我在干，还是得找有责任心的。”可是由于对虾病防治难度的认识不足、综合技术不过硬和管理不到位等原因，叶均安辛辛苦苦干了一年，结果全军覆没，第一年的养殖出现了重大失败，亏损十余万，以致他一度成为当地虾农的笑谈。

然而叶均安身上自有一种不服输、勇于拼的冲劲儿，在哪里失败就在哪里爬起来。第二年，他重整旗鼓，几番寻觅，多加考察，聘请了一位新的农民工，同时在技术上也进行了相应调整，再次投身海水对虾养殖工作。功夫不负有心人，这一次叶均安成功地解决了 20 世纪 80 年代令人谈虾色变的病毒性虾病。上至科技局，下至虾农，无一不是交口称赞，当地虾农坚持要请叶均安喝酒吃饭，鄞县的一个镇长还特地跑到北仑邀请叶均安去他的镇养虾。

尽管之前在对虾养殖上遭受过不小的亏损，1999 年叶均安仍然接受了象山大目涂公司养殖中国对虾的邀请，在简陋的塘边小房子里一住就是近 3 个月，白天看水质、晚上看对虾。叶均安的辛勤付出收到了回报，他指导的 3 个示范虾塘成为全公司 200 多个塘中唯一养成的虾塘。叶均安虾病防治技术研究的经历诠释了他说的那句“搞农推要有冲劲儿，能吃苦”，无论是面对简陋的居住环境，还是当地虾农的不理解乃至嘲讽，他都咬牙坚持了下来，靠着身上一股儿不服输的劲儿埋头苦干，最终获得成功。

养虾丰富的实践经验还给叶均安在海水养殖方面提供了新的思路，通过深入基层和跨越式思考，针对产业现状，他向宁波市科技局提出了设施化海水养殖建议书，里面提到了海水养殖军事化、工厂化的产业发展思路，并着重发展实时化技术和信息化控制技术。这些建议在当时颇具创新性和时代意义，为宁波市科技局所采取，现已成为宁波市海水养殖业的发展方向。

“我们就是‘清道夫’”

叶均安致力于开发废弃农作物资源在反刍动物养殖中的应用技术，换句话说就是“变废为宝”，正如他所言：“我们干的就是‘清道夫’的工作。”叶均安在研究的项目之一便是与省畜牧技术推广总站、4家规模湖羊场联合实施的省农业厅《芦笋茎叶、茭白鞘叶优质青贮料调制及其在湖羊日粮中优化利用技术研究》项目。

湖羊产于太湖平原，是我国重要的畜品种之一，饲料以草料为主。叶均安是浙江湖州、德清等地湖羊产业首席和技术顾问，在提到茭白鞘叶在湖羊养殖中的运用时，叶均安变得兴致高涨，他打开电脑给我看养殖场里湖羊的照片，一边指给我说：“这个是‘大家闺秀’，长得标致，大方得体……这只公羊可害羞了，给它拍照拍不到正面的……”

作为地方产业首席，叶均安需要经常去湖羊养殖场“蹲点”，和它们打交道，研究它们的生活习性、饮食健康等等。一来二去，他和养殖场里的湖羊熟悉起来，并逐渐培养起深厚的感情。养殖场有多少只羊，它们各叫什么名字、有什么特点，叶均安无一不知。有几张照片中，白白胖胖的湖羊瞪着眼直视镜头，毫无惧怕之意。或许在叶均安眼里，这些湖羊与其说是研究对象，倒不如说像自己的孩子呢。

茭白鞘叶是茭白收割后的废弃部分，之前一直被农民直接倒入河道或随意丢弃，造成严重废弃物污染。1亩茭白可产生4～5吨茭白鞘叶，这对环境的污染是不可忽视的。叶均安当下的研究方向便是废弃资源再利用，发展茭白鞘叶青贮技术，使其成为湖羊的饲料。青贮技术就是把含水率为65%～75%的青饲料切碎后埋起来发酵，与空气隔绝，通过厌氧乳酸菌的发酵作用来抑制各种杂菌的繁殖，减少养分流失，从而得到的一种粗饲料——青贮饲料。青贮饲料气味酸香、柔软多汁、适口性好、营养丰富，利于长期保存。

俗话说“百里不运草，千里不运粮”，运用青贮技术使茭白鞘叶、芦笋茎叶、竹笋壳、玉米秸秆等成为湖羊养殖中的优质粗饲料，既保障了南方地区湖羊养殖中粗饲料的均衡供给，提高了湖羊养殖效益，又避免了这些作物废弃物对环境的污染，一举多得，在解决了农户废弃作物处置问题的同时，还促进了湖羊养殖产业的发展。此技术的推广让农户切切实实得到好处，受到了农户、企业和乡镇政府的一致好评。

“我喜欢农推，我就适合做这个”

“做科研呢，有两种类型，一种是做尖端技术研究，一种是做综合技术研究，我是后者，” 叶均安这样向我介绍道，“搞农推就需要联合、集成的思维，我刚好适合。”

虽然 18 岁时叶均安的志愿还是开药厂，但当年却被分配到了高校研究室，研究畜牧业，一干就是 30 多年。如今叶均安已是地方产业首席，主要负责畜牧业方面的农业技术推广和技术顾问。无论身居何位，叶均安始终心系农村，“高校教师要为地方产业发展做贡献，不是每个人都适合做‘高、精、尖’，我们需要更多的高校教师去做社会服务，把实验室的技术推广到农田中去，但实际上现在高校教师中只有 1/5 的人在干这个，其他人都忙着去投 SCI 之类的学术论文，造成了至少 2/5 的人才废置。”

叶均安认为，对于地方乡镇干部来说，农推最重要的是灌输思路，引进产业发展模式和理念；对于地方企业，则是教给他们具体的技术，同时在当今环保日益重要的形势下，要教会企业在发展的同时树立生态平衡的理念。叶均安先后与多个湖羊养殖企业合作开发了茭白鞘叶青贮技术、芦笋茎叶青贮技术、玉米秸秆青贮技术、高丹草青贮技术、西芹叶青贮技术、稻草青贮技术、麦秸青贮技术和蚕沙发酵处理技术等。他几乎对所有的废弃农作物资源进行了研究，希望通过废弃农作物资源的循环利用达到生态平衡的效果。

根据多年累积的农推经验，叶均安总结出了四点。首先，要深入基础，自己动手，能吃苦。就像当年养殖对虾一样，到基层去，亲自动手，住在虾塘边上，收集第一手观测资料。其次，要综合思考，学会创新。正如他所说，农推需要综合平台化的思维，要能站在一定的高度统揽全局，对不同学科的技术进行整合思考，从而实现创新突破。然后，需要物、财、人三方支持到位。关于这一点，叶均安深有体会。1997 年对虾养殖失败的重要原因之一就是和当地农民协商沟通不到位，虾农不配合，只有他孤军奋战；次年他改变策略，和虾农形成了良好的沟通商讨模式，促使了养虾的成功。最后，要实事求是。农业技术研究要有实践意义和应用价值，因为农推是很实在的，农民也是很实在的，跟他们打交道，就要直来直去、立竿见影，用效果说话。

采访手记

采访当天由于台风天气，叶老师当日会议行程取消，这才有了这次采访机会。言谈间不难看出叶老师对农推的热爱之情，他反复强调高校教师的社会服务职能，强调做农业技术研究要造福地方产业，然而一篇通讯还难以详尽描述其拳拳赤子之心。高校农业技术研究、科研与服务并重，高校教师应找准自己的定位，为地方产业做贡献，为建设魅力农村，实现农民增益增收而努力。

（邓丝雨）

—— 第十八章 ——

求是创新的农业推广之路

——记浙江省科技特派员、浙江大学张放教授

人物名片

张放，男，中共党员，浙江大学农业技术推广中心、农业与生物技术学院教授。2003 年起担任浙江省科技特派员。曾获浙江省优秀科技特派员、江苏省优秀科技特派员、浙江省农业先进科技工作者、浙江省 2006 年教育年度新闻人物、联合国开发计划署 UNDP 项目优秀科技特派员、全国农业科技年活动先进工作者等荣誉称号，并获 2009 年度浙江省农业科技成果转化推广奖。2005 年起，被科技部、人事部等部委聘请为全国优秀科技特派员巡讲组成员，已经赴全国近 20 个省（区、市）进行了演讲。

人物感言

我作为一个本来不学农的生物系学生，最终选择了农业并致力于农业推广，偶然之余也让我倍感庆幸。

农业推广是一项难得的利国、利民、利己的事业，这项工作拓展了我的人生，让我在不虚度光阴的同时还能切实地为“三农”问题的化解尽自己的一份力量。在农业推广的过程中，从被漠视到赢得社会和学校的认可，我对农业推广的信心和经验都在不断增长。

把基础研究落到实处是农业推广的金钥匙。基础研究中最高深的理论、最先进的技术应该落地到社会、经济的发展中，只有得到社会的普遍认可，才是真正的认可，才能在人类发展的历史长河中起到浪花的作用。浙大要创建世界一流大学，社会服务是其中的重要部分，松懈不得——如果只关注于论文和教学业绩，那么对于培养世界一流学子的社会责任感和硬实力将是不利的。

农业推广本身的要求也是非常高的，农业推广是要着眼于让农民富起来、让农业强起来、让农村美起来。农业已经不能再局限于第一产业，而应该被看作一个全产业范畴。所以农业推广既是科研活动，又是社会活动。作为一个从事农业的科技工作者，只有具备综合性的本领，才能与之相适应——而这便是农业推广过程中最难的地方。

这么多年与农业农民打交道，我真正认识到：中国的农民不富，中国不会真的富；中国的农业不强，中国不会真的强；中国的农村不美，中国不会真的美！

一次经历，双重回音

1982 年，张放留校任教，之前一直致力于基础理论研究的他申请下乡锻炼，去农村看一看，希望补补农业实践的课。

他来到江山市坛石村做下派老师一年，这对于从小生活在城市的张放而言是个不小的考验，农业、农村、农民的一切对那时的他来说都是空白。作为来到村里的第一个大学生，张放在当地受到礼遇，农民都非常尊重他，时常询问生产方面的问题。“有次一位农民来问我‘为什么种了 7 年的柑橘树几乎不结果’，其实这个问题我也不太清楚，就先记录下来，”张放回忆道，“当天晚上我就翻书，找到了解决办法，第二天告诉给那位农民。很幸运的是，第二年果树就结果了。”

在下乡实践的一年里，张放从对农业没有多少感觉的状态，到对中国农业落后现状有了很深刻的认识，之前在象牙塔里学习生活的他哪里能想到，自己通过书本理论还能帮助农民们解决一定的问题。一次次理论指导实践的“解困”，既让张放丰富了果树理论和实践方面的经验认识，又使他意识到“我们的知识可以帮农民解决很多现实难题，农村的发展需要知识的推广、科研成果的转化，大学教师有责任、义务去行使这样的使命”。

离开坛石村的时候，他听着乡亲们“一定要多回来帮帮我们”的叮嘱，看着老百姓恋恋不舍的眼神，要为农民做点事情的责任感再次在心中燃起。

带着这种理念与责任感，30 年来，在不放弃实验和教学的基础上，他始终在进行着农业推广的工作，实践着一个农业科技工作者的责任。早在 2003 年，张放就作为浙江省首批科技特派员，被派到丽水景宁畲族自治县。通过几年努力，他指导形成了 4000 多亩核心基地和高山蜜梨、高山南瓜、高山食用菌等九大高山农业产业，探索形成了高校—企业—基地—农民的扶贫新模式。

昔言求是，不忘初心

从坛石村回到学校以后，尽管张放继续进行科研与教学，但心中始终都惦念着积重难返的“三农”问题，也在思考摸索着如何更好地解决这个问题。

1998年，在四校合并后的第一次定岗定级中，张放被评为副教授中的最低等级，但当时他的业绩点在农学院名列前茅——在既定的规则下，因为差了半篇论文，他只能被评定为不合格。

但在这种打击下，张放老师也没有多大的失落，仍然坚持做着农业推广方面的社会服务工作。1997年至2003年，张放主持了国务院三峡库区农业发展研究及应用项目，几乎从零开始发展了新型农业产业十几万亩，效益明显，得到了重庆市政府的高度赞赏。

2002年，张放牵头与我校一些专家创办了作为浙江省农业示范中心之一的浙江大学农业专家创业园（杭州格林森园艺科技有限公司），目前已培育和引进果树等园艺植物优良新品种近400个，2004年起，累计直接推广面积50多万亩，每年经济效益在5亿元以上。

2004年，张放与缙云县企业家合作，组建了浙江大学丽水市缙云科技生态农业园，如今其已成为丽水市现代农业产业化的示范和样板。2009年，基地被国家旅游局命名为4A级农业旅游景区。

随着农业推广方面的社会影响力不断增强，浙江大学也根据实际，进一步丰富了对教师的评价标准。社会和学校双方面对农业推广工作不断提升认可，张放在农业推广领域也取得了越来越多的成绩。但他仍然强调：“无论是科技特派员还是基地建设者，都只是浙江大学一名农业推广老师身份的补充……最让我欣慰的是，大家通过我，认识到浙江大学的水平，也认识到农业推广的魅力。”

说到教学科研与服务农业发展的关系问题，他认为，就浙江大学而言，众多的科研成果中能够真正有效促进农业可持续发展、使得“三农”问题取得突破性发展的却屈指可数。“农民必须通过全面的产业体系才能真正得到发展，单一技术的可持续性是得不到保证的。”比如，张放在仙居建设的农业基地里面，曾经举办过一个“台创园——浙大科聚特花卉展”活动，这个活动没有局限于展出花卉：首先，依托花卉园旁边的水果园，开展时鲜水果采摘活动；其次，展示各种美丽的花卉；紧接着，将水果艺术化，进行水果艺术盆栽展出；然后，带着游客参观水果花卉育苗区，让普通游客领略农业生产之美；最后，以浙大的高学术水平为依托，开展农林科技科普教育。

一个简单的花卉展，在全面产业体系下，有了丰富的内涵与产业附加值，也吸引着许许多多的民众前去消费体验。

与时俱进，系统创新

把农业放在一个全面的产业体系中来对待，是张放对于农业“全产业”认识的一个生动体现。在张放看来，当今时代再把农业单纯地当作第一产业已经过时了。“计划经济模式下，农业的唯一功能是解决国家基本安全——老百姓的吃饭穿衣问题，是国计民生中不可替代的第一，但这个第一却不是经济领域第一。而建设社会主义新农村，让农民富起来、让农村美起来和让农业强起来就需要从全产业的视角来对待。”

张放眼中的“全产业”，是要通过农业与其他领域的结合，使农业产业的附加值增加，这种结合既与时俱进又因地制宜。

在张放指导建设的农业产业基地上，曾经研发出一种葡萄品种。这种葡萄只有小拇指的指甲那么大，不是太好的品种，不符合我们惯有的“大、颜色好看、甜”的共识。但张放以为，衡量一个农产品好坏，还要包含农产品的文化内涵、与生活的联系。因此他就做了一个小实验。起初，他采了 100 斤葡萄放在专卖店卖。首先是 3 元 / 斤，两个小时内卖掉两斤；接着采取降价，1.8 元 / 斤，卖掉了 23 斤；再两小时后卖 0.8 元 / 斤，卖掉 27 斤——在如此便宜的价格下，6 个小时也只卖掉了 52 斤……

可是如今，每年基地共产出 4.5 万斤该种小葡萄，在 2 ～ 3 天内便以

35 元 / 斤价格被抢购一空。其中有什么奥妙呢?

张放指出，区别就在于葡萄是放在店里还是放在基地。单纯地在店里卖葡萄，只是第一产业的范畴；但张放在基地上开展了采葡萄、观赏葡萄等一系列活动，人们参加活动还需要买门票。谈到第一次进行这些尝试的时候，张放回忆道：“很多人买完门票进到果园，第一步是先拍照。面对一长串整整齐齐的葡萄，人们根本舍不得剪，舍不得破坏美景。”就这么一个简单的转变，让葡萄具备了丰富的附加值，也为人们的生活增加了幸福感。

谈到果园建设时，张放还提到一个细节。在樱桃园的 60 元门票中，其中 10 元是剪刀的押金。可是时间一长，张放发现游客总是容易忘记退剪刀。张放出于好意，在樱桃园的门口摆了这么一块标语——“剪刀请留下，押金请带走。剪刀原价 2.36 元。”然而即便如此，还是有很多人不退剪刀。张放就堵在门口，正好碰到几个同行的女孩，她们明确拒绝退还剪刀。原来她们觉得，樱桃会吃完，这一天终究会过去，可是这把剪刀却见证并凝固了劳动与收获的喜悦、家庭的温馨和生活的情趣，纪念意义非凡。

以往人们提到农业，都是辛苦劳作的场景。但这样的农业却太容易被替代，也太过落后。而像果园这种新型的农业基地，它带给人们的却是身心全方位的优质体验，包含着安全、生态、观光、养生、旅游等诸多要素。

在实际的基地建设中，张放始终坚持从实验室走向市场，与时俱进，因地制宜——从西南回到浙江，张放又致力于如何在特定的地理环境中进行独具特色的基地建设。

采访手记

一个多小时的采访下来，我完全沉浸在张放老师丰富的故事和乐观通透的生活工作观念中。采访前一天，张老师还在西部农业基地考察——虽然已经退休，他却依然活跃在农业推广的第一线。言谈之间，我始终感受着一位老教授的热忱与理想情怀。

令我意外的是，张放老师作为一名农业专家，还在给本科生上一门“集邮与文化”的通识课。这一细节反映了张老师兴趣的广泛和对生活的热情。也让我对张放老师“农业是全产业”的认识更加深刻，在张老师那里，农业不只是农业。

同时张放老师提到自己对研究生最基本的要求，那就是要懂得生活的情趣与浪漫，因为一个不懂生活之美的人是不可能懂得现代农业发展真谛的。

张放老师把农业当作美学在经营，也时刻实践着生活之美、工作之美，

（学生记者　王爱华）

第十八章

像土地一样厚实，像土地一样奉献

——记浙江大学张国平教授

人物名片

张国平，男，中共党员，浙江大学农业技术学院农学系教授，农业部大麦产业体系岗位科学家。曾任浙江大学新农村发展研究院常务副院长、农业生命环境学部主任等职。长期从事作物种质创新和作物逆境生理等方向的科学研究，浙江大学作物学一级学科学术带头人，兼任国际大麦遗传学大会（IBGS）主席、教育部高等学校农艺类教学指导分委员会副主任委员以及“Plant Growth Regulation”、“Journal of Agronomy and Crop Science”、“Journal of Integrative Agriculture”、“Journal of Integrated Omics”、“PLoS ONE”等国际刊物编委，在国内外作物学学科享有较高的学术地位和影响。

人物感言

我的理念是，进行一流学科建设，引领科学前沿是必须的。农学学科建设的出发点应是为社会服务，为农民增收、农业增产、农村变好而服务。

在科学日益复杂化、专业化的当代，科学目标上的多元化也引起了关于科学价值多元化的认知。作为一个恪守求是精神的浙大人，张国平始终认为，学农学，就要求“实用”，就要服务社会——这与“后学院科学”的时代精神不谋而合。

“贴近土地”：发现至关重要的“副产品”

在张国平的眼中，“为社会服务”这一目标重于泰山。“我们现在科学的发展，本质上就是更好地为社会服务。农业科学，一定要为三农服务。”

正是在这一目标的指引下，张国平深切体会到近了“贴近土地”的重要性。2005 年，张国平团队在国家自然科学基金重点课题的支持下，开始进行西藏野生大麦种质资源的研究。

受 20 世纪 60 年代掀起的“绿色革命”的影响，水稻、小麦等主要粮食作物品种的茎秆高度显著降低，从而抗倒性提高，产量增加。当然，这一潮流也影响到大麦育种，“降低茎秆高度”成为大麦育种的一个基本目标。接到基金任务后，张国平多次去西藏考察，有时一去就是一个多星期。他最熟悉西藏的拉萨、日喀则等地方。他的身影常出现在当地百姓家中，更常出现在大麦农田里。很多时候，他看起来就像一个当地的农民，虽然有时候的书卷气让他的农相看起来不是“超级地道”。

通过“贴近土地”，张国平发现，通过降低茎秆高度以提高大麦产量这种常规育种方法在当地行不通，因为在西藏，大麦麦秆对藏民来说非常重要，它是马、牦牛等畜禽的主要饲料，而牲畜的粪便则是藏民的重要燃料。秸秆绝非可有可无的“副产品”，而是几乎与大麦籽粒同等重要的生物资源！因此，在西藏培育大麦新品种，必须秆籽并重。“培育新品种需要考虑茎秆的高度，还要解决高秆品种的抗倒强度。光提高大麦籽粒产量而减少茎秆长度是不行的。”他感慨地说，正是由于贴近土地的亲身接触和实际考察，他们提出了籽粒与茎秆兼用型大麦育种的目标。这是一种重要的“地方性知识”：“我们的研究一定要和农民的需求相结合。没有到西藏之前，我不了解大麦茎秆的高度有这么重要的意义。如果这样不了解就去指导生产，那是不行的。”

“贴近土地，两脚沾泥，土地自然不会亏待你。”张国平认为，农学为社会服务不仅是一个最高的价值追求，而且它也带来了很多好处。

首先，浙大不仅是浙江的，也是全国的，因此要为全国全社会服务，做出更大的贡献，这么做也提高了我们浙大的知名度和社会声誉。其次，通过农业推广，教师了解了生产、了解了需求之后，也会使科研项目申报更有方向、更有目的性。另一方面，许多地方有项目，这些项目和经费反过来成为教师研究的动力，为教师提供了新的思路和经费支撑。这样能够实现多方共赢。最后，农业推广为高校的人才培养提供了更多的实训基地。

“接地气”：从科学研究到人才培养

毕业于原浙江农业大学的张国平，对农业充满了发自内心的热爱，也有着自己的思考。他认为，要建设一流大学，教师做科研很重要，培养学生同等重要，“我们尤其要多培养‘接地气’的研究生”。

多年的学习和丰富的工作经验告诉他，理论结合实际才是科研工作者的“金钥匙”。现在有一些人仅仅为了发文章本身，在实验室搞瓶瓶罐罐，不太了解农学生产的实际需求。而这样不顾生产实际的研究“成果”犹如空中楼阁，无法“落地”，没有实际用途。

他说，搞农业研究，一定要和生产实际结合。他身体力行的同时还为他的研究生创造更多实践机会：每次出差到农村，到基层，他都会带上他的研究生，目的就是要让他们“沾沾泥土”，了解农业、农民、农村的生产生活实际，保持对生产实际的必要敏感，对“应用”这一目标的持续关注。

“我们进行高水平研究的目标是要‘上天’、‘入地’。‘上天’就是把文章发到国际顶级学术期刊，让研究进入国际前沿。但是发文章的目的是什么？就农学研究而言，最终目标还是要‘入地’——‘入地’就是应用。”张国平说，农学作为应用科学，不是为了研究而研究，而是要让研究的结果为社会、为生产服务。“比如，你的研究材料有没有特色？研究结果对作物产量与品质提高有没有作用，对抗性与资源利用的提高又有什么影响？农业生产要达到高产、优质、安全，还有高效，也就是农民最关心的经济收入提高，还要保护生态，保持环境安全。”

农业不仅和人类健康息息相关，也和我们赖以生存的环境有着密不可分的联系。因此，在育种过程中张国平非常关注抗病、抗虫和养分的高效利用；近年来，他和他的团队在研究作物养分高效利用上取得了一些可喜的成绩，鉴定与创制了一批耐低氮、低钾的大麦种质。

张国平对“应用”目标的追求，还体现在他的人才培养思路上。“对研究生本人来说，毕业后能够找到好的工作，满足他的就业要求，这是必要的。”在这一思路指导下，张国平培养出了许多优秀的学术型和实践型并重研究生：他指导研究生提出科学问题、设计实验与撰写论文，多篇论文被 SCI 论文引用数十次；他的学生们大都找到了满意的工作。

“土性”：勿忘初心，坚持学习

个性上，张国平朴实之中带点“土性”——他始终不忘初心，坚持学习。在农业推广过程中，也会出现大大小小的问题，面对这些问题，他慢慢形成了自己独特的人生哲学。

有些人认为农推时间紧，比如到基层工作三四天，就觉得很忙。他说，其实时间是可以调整的。比如工作五天、休息两天的“5 + 2”模式或者工作四天、休息三天的“4 + 3”模式就很理想。农推工作需要大量的时间和精力，但他毫不吝啬。他说：“就像锻炼身体，花一个小时的时间把身体锻炼好了，才有意义。过去经常有一个说法，7 + 1 大于 8，当然我们教师工作不止 8 个小时。这个意思就是说，你不能老是工作，还要锻炼身体。身体锻炼好了，效率才会高。也就是说，有些教师出去做农业推广了，也可能带来一些新的科研思路。表面上时间上是冲突的，但实际上却是不矛盾的。”

张国平长期从事作物种质创新和作物逆境生理等方向的科学研究，开展西藏野生大麦研究也有 10 多年了，做出了许多令人称道的贡献。其中引人瞩目的是他们团队关于西藏野生大麦的研究成果：此前学术界认为，中东野生大麦是栽培大麦的祖先，而张国平团队的研究却表明，我国青藏高原地区是栽培大麦的主要起源中心，当地的野生大麦具有丰富的遗传多样性，相关的研究结果在美国科学院院报上发表，其中 2012 年发表的成果被收入国家自然科学基金委员会 2012 年度巡礼。

张国平的身上有许多耀眼的光环。然而，这些荣誉与成就并没有阻碍他继续研究。他一如初入大学时般谦虚与好学。谈及 2012 年在浙江杭州召开的第 11 届国际大麦遗传学大会，他没有提及自己担任主席一职，反而强调了这次大会给他带来的冲击与收获：“我以为我已经做得比较深了，但是这次大会之后我发现我不了解的东西还是很多。我了解了之后反过来促进了我的研究。”张国平笑着说。他一直保持着这样不断学习的心态，做出了一项又一项重要发现：迄今为止，他在“PNAS”、“Plant Physiology”、“Plant Journal”、“New Phytologist”、“BMC Plant Biology”等国际著名刊物上发表 SCI 论文 200 多篇，其中第一或通讯作者 160 多篇，成为国家大麦育种和生理方面的顶尖学者。

采访手记

身为岗位科学家，做农业推广，研究贴土地，育人接地气，做人带“土性”——“土”一点看来没什么坏处。正是这些“土”，成就了张国平教授今天的学术地位。当然，谦虚的品质、坚定的决心和好学的精神也成就了他。

（学生记者　梅林蓉　良　格）

附　录

陈再鸣实地指导耳袋栽培技术

陈再鸣在景东进行野生菌资源保护实地调研

徐海圣在基地指导鱼类苗种繁育技术

严力蛟研究员被聘为浙江大学湖州市休闲农业产业研究院院长

叶均安在湖羊产业发展论坛上做学术报告

叶均安在临海间山岙湖羊场指导青贮技术

陈再鸣、汪自强获评浙江革命老区创新创业优秀工作者

浙江大学湖州市茶叶产业联盟合影（赴台州羊岩茶场交流学习）

2008 年 9 月 9 日，保加利亚普罗夫迪夫农业大学 Andon Vasilev 教授一行
访问南太湖农业技术推广中心，并到试验示范基地调研

浙江大学湖州市现代农业产学研联盟专家受表彰

张放为农户讲解枇杷种植技术和示范果树剪枝